蟹文化

宁波　陈晔◎编著

学林出版社

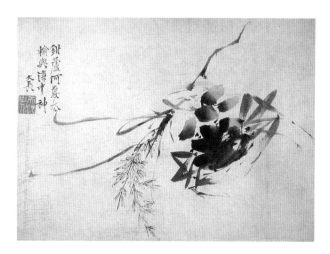

[明]徐渭　河蟹

[明]徐渭　传芦

[清]边寿民　河蟹

[清]边寿民　双蟹

[清]边寿民　蟹肥

[清]边寿民　芦苇双蟹

[清]边寿民 芦下河蟹

[清末]任伯年 把酒持蟹

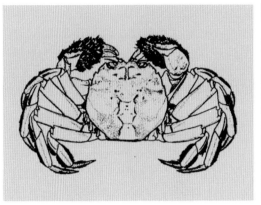

中华绒螯蟹

中华绒螯蟹：左雄右雌，雄蟹螯大，雌蟹螯小

日本绒螯蟹

荷兰的中华绒螯蟹

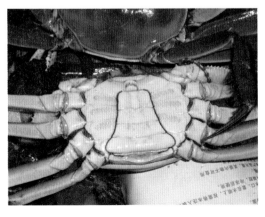

雄蟹尖脐

雌蟹圆脐

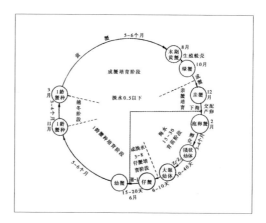

河蟹生活史

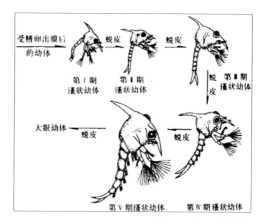

Ⅰ期—Ⅴ期溞状幼体

大眼幼体

手掌中的大眼幼体

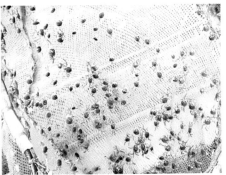

仔蟹

网捕的大眼幼体

豆蟹

扣蟹

王成辉展示抱卵雌蟹

金爪黄毛

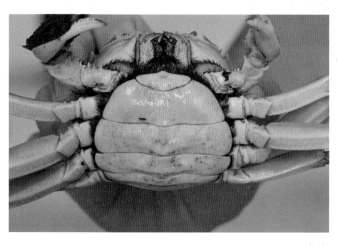

白腹

"江海21"良种蟹苗

售卖中的"江海21"扣蟹

由"江海21"育成的"崇明清水蟹"

2018年3月31日，
调研江苏泰兴河蟹种蟹养殖场

安徽省当涂县乌溪镇七房蟹苗第一基地

池塘养蟹（上海崇明宝岛蟹庄）

芦荡养蟹

稻蟹种养

湖泊养蟹（江苏省阳澄湖）

江苏省阳澄湖河蟹养殖区

2007 年，王武作报告推广生态养蟹技术

2007 年，王武（右 2）指导河蟹养殖

2011 年，王武带队下乡推广河蟹生态养殖技术

去蟹脐

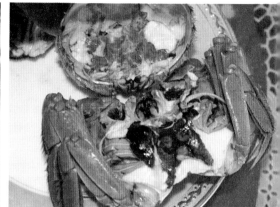

开蟹盖

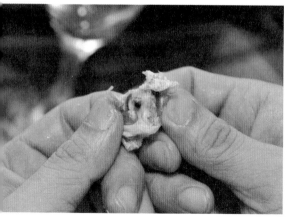

展示"蟹和尚"

揭口器

挑蟹心

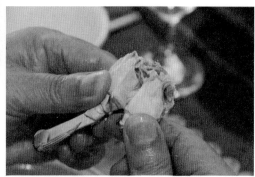

分蟹腿

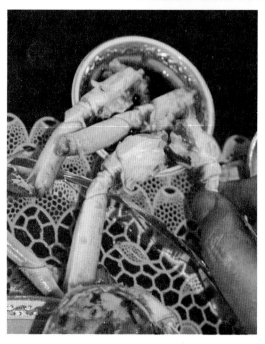

品蟹腿

挑蟹腿肉

蟹宴

蟹黄（于光磊 摄）

蟹味（于光磊 摄）

2007年第一届"丰收杯"全国河蟹大赛在上海举办，图为李思发（左2）、王武（右2）和时任江苏省海洋与渔业局副局长魏绍芬（左1）在展示蟹王蟹后

2013年江苏省昆山市阳澄湖蟹文化节

上海海洋大学第十三届蟹文化节暨 2019 年"王宝和杯"全国河蟹大赛蟹
王蟹后展示（于光磊 摄）

橘黄蟹肥——2020 上海崇明生态文化旅游节（宁波 摄）

序

中华文化源远流长、浩如烟海。在泱泱中华文化海洋里，河蟹文化（为行文方便，本书统一简称"蟹文化"）或许连溪流都称不上，但是却洋溢着中国人独特的文化气质和生活情趣。古往今来，经济繁荣之世，常为蟹文化隆盛之时。纵览蟹文化分布，尤以江南蟹文化为盛，而江南蟹文化，又以苏州阳澄湖大闸蟹名扬天下。随着上海开埠后的迅速发展，上海蟹文化更是一路走红，成为万千文化世界的一个灼灼亮点。每至金秋时节，上海蟹市时常成为新闻传媒、街谈巷议的热点。

河蟹学名中华绒螯蟹，是一种中国特产的生于半咸水、成熟于淡水的甲壳动物，味道鲜美、营养丰富，其文化历史估计要远远长于文字记载。有些生物，人们主要用来食用，比如鸡、鸭、鹅；有些生物，人们主要用来观赏，如鸳鸯、孔雀；还有些生物，人们主要用来劳作，如骡子、黄牛，而河蟹却集多种角色于一身。于餐桌，它是珍馐美味；于观赏，它颇有威武雄壮之风；于劳作，它是保水净水的干将。由此，它得到国人偏爱，也就不足为奇了。文人们给它起了传芦、郭索、无肠公子等雅称，又每每吟诗作赋多加溢美之词；艺术家们则惟妙惟肖状其形态，或精雕细刻展其英武之姿；美食家们不吝笔墨，赞其黄膏糯香、肉味甘美，且还设计出一套工具，以致曹雪芹在《红楼梦》里都禁不住笔下生花，专门安排一场"特写"；寻常百姓们更是对河蟹偏爱有加，玉器、泥塑、陶艺、编织、剪纸、蟹壳画等纷纷状模刻画，其形式之多样，情趣之纯真，远在文人墨客造雅求奇之上。

有感于此，所以一直想归纳总结，写一部《蟹文化》。无奈才力精力有限，而时间亦每每为杂事所扰，竟一直未能付诸实施。2017年，有幸加盟上海市农委中华绒螯蟹产业技术体系项目组，重新勾起这一夙愿。经过一段时间的调研、搜集和整理，总算七七八八罗列出这部《蟹文化》。然而，在聊以宽慰之余，也因河蟹文化本身的丰富性、河蟹产业的复杂性及作者眼界能力所限，本书面世仍存在诸多不足，权作抛砖引玉。

编 者

2021 年 11 月 5 日

目　录

第一章 蟹文化的基本知识

第一节 河蟹生物学

金秋送爽之际，执蟹赏菊，已成为不少文人雅士、市民百姓生活中的一件快事。

河蟹风味独特、文化深厚。唐代大诗人李白禁不住河蟹美味的诱惑，曾赋诗感怀："蟹螯即金液，糟丘是蓬莱。且须饮美酒，乘月醉高台。"在《红楼梦》里，连一贯敏感自持的林黛玉，在品蟹咏诗时，其诗作也不免多了几份豪迈："铁甲长戈死未忘，堆盘色相喜先尝。螯封嫩玉双双满，壳凸红脂块块香。多肉更怜卿八足，助情谁劝我千觞。对兹佳品酬佳节，桂拂清风菊带霜。"

河蟹何以如此引人入胜呢？或许有两个主要原因：一是河蟹独特的生物学特性和食品营养价值；二是源自中华几千年来历久弥新的蟹文化。

一、河蟹的分类与分布

《说文解字》说蟹有二螯八足，横行，非蛇鲜之穴无所庇，从虫解声。

河蟹在通常情况下是中华绒螯蟹的俗称。河蟹也称毛蟹、螃蟹、清水蟹、大闸蟹，雅称有无肠公子、郭索、传芦等，学名为 *Eriocheir sinensis* H. Milne-Edwards，英文名为 Chinese mitten crab，是一种在河口半咸水中生殖，淡水中生长的洄游性甲壳动物。河蟹在动物分类上隶属于节肢动物门、甲壳纲、软甲亚纲、十足目、爬行亚目、短尾附目、方蟹科、弓蟹亚科、绒螯蟹属。目前，多数学者认为绒螯蟹属包含中华绒螯蟹、日本绒螯蟹、狭额绒螯蟹、台湾绒螯蟹4种。其中，中华绒螯蟹分布最广、个体最大、产量最多，因而是本属中最主要的一个种。

绒螯蟹属的主要特征为螯足密生绒毛，额平直，具4个锐齿；额宽小于头胸甲宽度一半；第一触角横卧，第二触角直立；第三步足长节长度约等于宽度。其中，中华绒螯蟹和日本绒螯蟹最为相似，然而在形态上依然有较大差异：中华绒螯蟹头胸甲明显隆起；4个额齿尖，缺刻深，呈"V"形；具6个疣状突起，前面一对向前凸似小山状，后面中间一对明显；第4侧齿小而明显。日本绒螯蟹头胸甲呈平板状，4个额齿平直，缺刻浅。具4个疣状突起，后面中间无疣状突起；第4侧齿退化。

从外形上区分河蟹性别一般看蟹脐。河蟹的蟹脐其实是折叠于蟹壳腹部的蟹尾，有两种形状，一种三角形，一种半圆形。蟹脐为三角形的是雄蟹，半圆形的是雌蟹。

中华绒螯蟹与日本绒螯蟹分布的区域性极为明显。中华绒螯蟹主要分布在中国中部沿海地区，南方种群以长江水系中华绒螯蟹为代表，北方种群以辽河水系中华绒螯蟹为代表。日本绒螯蟹则分布于中国南方和北方沿海地区，南方种群以南流江水系日本绒螯蟹为代表（又称合浦蟹）；北方种群以绥芬河水系日本绒螯蟹为代表。

图 1-1　中华绒螯蟹

河蟹适应性很强，在中国各地分布广泛，北到辽宁的鸭绿江，南至广东的雷州半岛，凡是通海的河川下游水域均有分布。由于地理分布的气候、环境差异和生殖隔离，河蟹形成了不同种群（水系），主要有长江种群、辽河种群、瓯江种群、黄河种群等。其中，以长江流域所产河蟹品质为最佳，尤其以产自长江下游的阳澄湖、太湖、崇明等处的大闸蟹最为著名。

中华绒螯蟹原产于中国，亚洲北部、朝鲜西部和中国是其主要自然分布区。20世纪初，河蟹的幼体或幼蟹从中国随航轮带到了德国。"它于1912年进入德国的阿勒尔河和威悉河，以后又到埃姆斯河、易北河、哈费耳河。1915年到汉堡，1926年到马格德堡，1930年到德雷斯登，1931年又顺易北河和伐耳塔伐河进入捷克斯洛伐克的布拉格。此外，它们还扩展到波兰、荷兰、比利时、法兰西等国。"[1]20世纪末，在北美洲五大湖区和旧金山湾一带形成了两个分布区。

20世纪30年代，德国学者施纳贝克（Schnachenbeck）和潘宁（Panning）等曾对河蟹的幼体发育作过一些报道，但零星不全，且有不少讹误。[2]

20世纪50年代，堵南山先后发表《毛蟹》《毛蟹的解剖》《河蟹生物学》等文献，从生物学角度阐述了河蟹的基本形态特征。中国人吃蟹吃了数千年，此时方从生物学意义上把河蟹的形态结构弄清楚。堵南山指出："蟹类是由虾类演化来的，完全成了底栖动物，只能在水底爬行，因此腹部变成一薄片，紧贴在头胸部的下面，游泳肢大部也已经退化，尾鳍则已完全消失。可是蟹类在个体发育过程中，往往要经历形态上像虾那样的时期。我们上面所讲的绒螯蟹，就是一个很好的例子。它的幼体，

---

[1] 宋大祥.河蟹［J］.生物学通报，1964（3）：20.

[2] 梁象秋，严生良，郑德崇等.中华绒螯蟹 *Eriocheir sinensis* H. Milne-Edwards 的幼体发育［J］.动物学报，1974（1）：61.

尤其是大眼幼体，非常像虾。"①

陈子英、汪天生则在1954—1960年调查摸清了长江水系河蟹的产卵场，发现每年春暖时节，亲蟹在长江入海口半咸水处产卵，"在贴近海水的河口，而且随着海水和江水的分界线的移动，历年也有所变化，大约是分界线外移时，产卵场也随外迁，反之分界线内移时产卵场也内迁"②。卵孵出溞状幼体后，营浮游生活，大约历时一个月经5次蜕皮，逐渐发育成为大眼幼体，即蟹苗，然后慢慢随着涨潮的潮水，随着潮水溯河而上；退潮时隐伏水底，利用其腹部附着于江河沿岸带的隐伏物之下，不随潮水退却。大眼幼体如此一潮接着一潮上迁，每天可上迁25—40千米，在长江只分布到江苏靖江为止。③河蟹在上迁的过程中，历尽艰辛，攀爬闸、坝等障碍，躲避急流险滩，颇有坚忍不拔的毅力。该文记述道："阳澄湖蟹壳清净，色青，腹部净白，北部隆起，爬行时矫捷有力，能将身体抬高临空。长江蟹大都是从苏北湖泊中来，体大，壳黄色，背部较扁平，背壳的棱角微被磨损。黄浦江蟹体小一般只有二三两重，壳背黑色，硬而厚，附肢尖利，腹部及胸甲腹面有黑色煤泥。"④

1964年，宋大祥对河蟹的生物学进行了比较完整的描述，涉及外部形态、内部结构、生活和生殖、捕蟹工具和方法、增产措施等。⑤

1974年，梁象秋、严生良、郑德崇、郭大德揭示了河蟹的

---

① 堵南山.绒螯蟹的变态［J］.生物学教学，1958（1）：25.

② 陈子英，汪天生.关于中华毛蟹（Eriocheir sinensis）产卵洄游的初步报告［J］.上海水产学院学报，1960：164—165.

③ 陈立侨，堵南山.中华绒螯蟹生物学［M］.北京：科学出版社，2017（3）：157.

④ 陈子英，汪天生.关于中华毛蟹（Eriocheir sinensis）产卵洄游的初步报告［J］.上海水产学院学报，1960：163.

⑤ 宋大祥.河蟹［J］.生物学通报，1964（3）：20—25.

生活史。[①] 由于河蟹一生要经过半咸水、淡水，再回到半咸水，因此要彻底搞清楚河蟹一生变态的生命周期殊为不易。他们的研究表明河蟹的幼体发育一共经过 5 个溞状幼体期和一个大眼幼体期。卵孵化出膜的幼体即为第一溞状幼体，而非早期文献所述的早期溞状幼体或原溞状幼体。河蟹一生要经过约 20 次蜕皮。每一次蜕皮，即进入另一个发育时期，经历饵料、盐度、水温、水质、天敌等生死考验。因此，人们将河蟹称为"蟹将军"毫不为过。除了它有大螯，长相威武，莫不与它长成时仅蜕皮就须经历 20 次左右生与死的洗礼，在生殖洄游和索饵洄游中历经千难万险有关系。因此，大闸蟹虽然个头并不雄伟，但无疑是强者的象征、不畏艰险的投影。由此可见，人们喜食河蟹，除了它美味撩人，或许更期望从它身上汲取一些英雄气概吧！

20 世纪 50—60 年代，由于通海江河兴修水闸和水坝，阻碍了河蟹的溯饵洄游和生殖洄游通道，对河蟹自然增殖造成很大影响，同时由于水环境污染一度日趋严重，河蟹资源大幅减少，蟹苗供不应求，放流蟹苗难以保障，使得河蟹产量锐减，因而导致河蟹价格水涨船高。河蟹的增殖放流始于 20 世纪 60 年代，70 年代初开始人工繁殖研究，经过 10 余年努力，先后解决亲蟹饲养运输、交配产卵、越冬孵化、幼体培育和蟹苗暂养等技术问题。1971 年 5 月 5 日，浙江淡水水产研究所的许步劭、何林岗、韩炳炎、杜家圣 4 位科研人员，在浙江奉化海带育苗厂，首次人工繁育出河蟹大眼幼体。1975 年，赵乃刚等在安徽省滁县乌衣渔场用人工配制海水进行河蟹人工繁殖取得成功，育成大眼幼体（即蟹苗）1957 只。[②] 1973—1984 年，赵乃刚在滁州

---

① 梁象秋，严生良，郑德崇等.中华绒螯蟹 Eriocheir sinensis H. Milne-Edwards 的幼体发育［J］.动物学报，1974（1）：61.

② 赵乃刚.配制海水进行河蟹人工繁殖试验获得成功［J］.淡水渔业，1975（10）：26.

城西水库的荒岛上坚持试验研究 11 年，发明了"河蟹繁殖的人工半咸水配方及其工业化育苗工艺"。该工艺 20 世纪八九十年代在内陆水域广泛推广应用，对河蟹产业发展起到重要的推动作用，获日内瓦第 14 届国际发明与新技术展览会金牌奖、布鲁塞尔第 35 届尤里卡世界发明博览会金牌奖、全国科学大会奖、农牧渔业部技术进步奖一等奖、国家发明奖一等奖。河蟹人工育苗的成功结束了中国自古养蟹靠捕捞天然蟹苗的历史，为中国各地尤其是内陆地区进行河蟹的繁育、养殖开辟了广阔前景。

在河蟹养殖界，常谓："好水养好蟹，好蟹要好苗。"意思是说，只有优质的水环境，才能培养出"青背白肚，钢爪金毛"的优质蟹；只有使用优质的蟹苗，才能养出体格健硕、膏肉饱满的好蟹。人们普遍认为长江水系生产的蟹苗为佳，其中上海崇明的蟹苗，以其规格整齐、体健抗病、形态威武而颇受青睐。上海推出"江海 21"良种蟹苗后，更是供不应求。每年菊黄蟹肥时，大家手持蟹螯，把酒赏菊之际，可别忘了上海崇明是地地道道的河蟹故乡！

二、"蟹"字的由来

关于"蟹"字是怎么来的，有几种比较常见的说法：

一说是蟹可解漆，可化淤血。《神农本草经》载蟹能"败漆"，汉代刘安《淮南子·览冥训》也说"蟹之败漆"。《名医别录》说，蟹可以"愈漆疮"。宋代苏轼在《仇池笔记·论漆》记载了一个亲历的故事："予尝使工作漆器，工以蒸饼洁手而食之，婉转如中毒状，亟以蟹食之，乃苏。"《雷公炮炙药性解》中记载："蟹主散血破结，益气养精，除胸热烦闷。捣涂漆疮，可治跌打损伤，筋断骨折，淤血肿痛及妇人产后淤血腹痛、难产、胎衣不下等症。"由此，有人认为蟹有解化功效，因名为"蟹"。

二是因蟹一生经历多次蜕壳，"蟹"在古籍中还有

"解""蠏"等异体字。古人造字选取"解"字，概与河蟹的这种"蜕壳"生物习性有关。宋代罗愿在《尔雅·翼》中称"字从解者，以随潮解甲也"，就认为"解"字来源于蟹蜕壳的习性。明代杨慎的《升庵集》中也认为"古人制字有义，谱云蟹随潮解甲更生新，故字从解"。《吕氏春秋》中的"大解，陵鱼"用的就是"解"这个本字。在古人的分类认知里，蟹属于水虫，所以用"虫"字旁，就有了"蟹""蠏"等写法；或者从鱼，写作"鱰"。

三是传说当年大禹治水时有个叫巴解的人，受命到昆山阳澄湖一带督工。彼时，湖里肆虐着一种长着两只螯、八条腿、披着甲壳的水虫，其毛绒绒的大螯一旦夹到人，莫不疼痛难耐，因此人们叫它"夹人虫"。为了治理"夹人虫"，巴解令人挖了一条护城沟，浇沸水于其中，当"夹人虫"渡沟侵城时就被烫死了。不想，烫死的"夹人虫"此时竟青甲变红甲，散发出阵阵诱人的香味，但是却没人敢吃。巴解胆大，抓起一只"夹人虫"，掰开甲壳一咬，顿时感到满口生香，于是吃蟹风俗就此传开。巴解也因此成为传说中"天下第一个吃螃蟹"的人。为了纪念巴解敢于第一个吃螃蟹的精神，人们就给"夹人虫"起了一个名字，在巴解的"解"字下面加上一个"虫"字，意思是巴解制服了"夹人虫"。

其实，早在先秦时期，中国人就对蟹就有了一定观察和认识。《庄子·秋水》有"还虷、蟹与科斗，莫吾能若也"的记载。说的是虷（hán，蚊子幼虫，即孑孓）、蟹与科斗（蝌蚪），哪能像我这样逍遥快乐啊！庄子寓言中的蟹，生活于倾颓浅井，表明当时人们已经观察到蟹的生命力和适应性很强。战国时期的《荀子·劝学》载，"蟹六跪而二螯，非蛇鳝之穴无可寄托者，用心躁也"。寥寥几句，点出蟹具有步足和螯足的外形，喜欢生活在类似蛇鳝之穴的洞穴中，性情比较躁动，横行霸道。

古往今来，"蟹"字还衍生出很多或俗或雅的别称。宋代傅肱的《蟹谱》载："蟹，以其横行，则曰螃蟹；以其行声，则曰郭索；以其外骨，则曰介士；以其内容，则曰无肠。"此外，河蟹还有不少雅号，如铁甲将军、无肠公子、横行勇士、含黄伯、加舌虫、江湖之使、介秋衡等。

三、"大闸蟹"名称的由来

中华绒螯蟹为何俗称"大闸蟹"，一说由"煠蟹"或"炸蟹"演变而来，因蟹以水蒸煮而食，谓煠蟹或炸蟹；另一说由捕蟹工具而得名，捕蟹工具叫竹闸或竹簖，簖上捕捉到的蟹被称为"闸蟹"，个头大的就称为"大闸蟹"。也有称"大扎蟹"的，大约是出售时捆扎的缘故。

关于"大闸蟹"的由来，目前比较流行的说法来自近现代小说家、翻译家包天笑。1973 年 11 月 7 日，他在《新民晚报》上发表了《大闸蟹史考》一文。该文又被 2011 年第 10 期《美食》杂志转载。包文说："有人说：'煮'字与'闸'字音相近，是方音的变迁。有人说字典上有'煠'字，即是以水蒸之的解释。有一日，在吴讷士家作蟹宴（讷士乃湖帆之父），座有张惟一先生，是昆山人，家近阳澄湖畔，始悉起原委。他说：'闸字不错，凡捕蟹者，他们在港湾间，必设一闸，以竹编成。夜来隔闸，置一灯火，蟹见火光，即爬上竹闸，即在闸上一一捕之，甚为便捷，这便是闸蟹之名所由来了。'"包先生这段文字提到的"闸"，也被称作"簖"，其前身是"沪"，是一种插在水里、用竹栅栏编制而成，利用涨落潮阻断鱼蟹去路予以捕捞的渔具。《陆龟蒙集》载："编竹取鱼曰沪。吴俗谓之簖。"1889 年第 921期《益闻录》收录有一篇短文《蟹簖阻水》，也讲到蟹簖。原文曰："出簖来深浦，随灯聚远洲"，此高启咏蟹诗也。江阴濒临大江，每当九十月时，执穗以朝其魁者，较他处为更多，故居民往往于蒲苇间设一灯星火，编竹为簖以捕之。今岁江水盛涨，宣泄较迟，南乡与无锡接壤之田，晚稻尚被水浸许，明府见此情形，知因蟹簖过多，水被壅遏不能速退故，饬差将河中所设之簖悉行拆毁，遂得水落三篙，蜂窠复出。吾知毕吏部闻之，当必引为恨事也。

袁谳不同意这个解释。他在《咬文嚼字》1997年第1期发表《"大闸蟹"试释》一文，认为吴语"闸"指的是一种烹饪方法，就是将食物放在清水中煮熟，所以叫作"闸蟹"。吴斯锦对袁文不以为然，在《咬文嚼字》1999年第7期发表《〈"大闸蟹"试释〉刍议——与袁谳先生商榷》，引用李渔《闲情偶寄》："凡食蟹者，只合全其故体，蒸而熟之，贮以冰盘，列之几上，听客自取自食。……则气与味纤毫不漏"，认为"大闸蟹"是"蒸"而不是"煮"熟的。他认为"大闸蟹"中的"闸"，指的是捕捞地点。因为河蟹有生殖洄游习性，蟹苗诞生在江海交汇处，之后溯江而上进入江河湖泊等淡水中长成，性成熟后再洄游到江海交汇处交配繁殖。入秋后，河蟹性腺逐渐成熟，遂开始生殖洄游，在沿江入海的过程中需要爬越河口道闸。渔民非常了解河蟹的这一习性，于是就在闸口设罟而待，捕捞"大闸蟹"了。

庄泽义在《咬文嚼字》2002年第5期发表《也说"大闸蟹"名称的由来》，认为"大闸蟹"的烹饪方法是清蒸，而非水煮，因此"大闸蟹"并非"大煮蟹"。他认为"大闸蟹"的"闸"来自渔民自设的"草闸"。说旧时阳澄湖渔民捕蟹，在湖中置草闸，晚上点上渔火，蟹有趋光性，成群结队顺此攀爬而上，渔民清晨到草闸处收获即可。这"草闸"，也就是所谓用竹子编制的"蟹簖"。庄文的观点，显然支持包天笑的说法。

2014年10月9日，曹珊在《羊城晚报》发表《"大闸蟹"名之由来》，提出："包天笑的说法倒是贴近、合理，只不过他弄错了'闸'字的正确写法。此'闸'当为'煠'，音同。古人有云'菜入汤曰煠',所谓'煠',即以热水蒸煮食物。此法亦为吴地美食烹饪的一种地区特色。且中华美食基本上都是以烹饪手法来命名的,而非如张惟一所说的以捕蟹之法来命名的。"根据曹文观点,所谓"大闸蟹",实为"大煠蟹"。

然而,根据自古买卖的经验,贩卖鲜活水产品的小贩,以烹家口吻。即如何烹吃河蟹来卖蟹,无论如何说不通。明明卖的是活生生的大蟹,嘴里却喊着煮熟的"大煠蟹",逻辑上不对头。就像卖鲜鱼的不会叫喊"大蒸鱼""大煎鱼""糖醋鱼",卖活鸭子的不会叫唤"烤鸭""咸鸭"等售卖一样。显然,卖蟹人挑担吆喝:"闸蟹来大闸蟹",卖的是活蟹,这个"闸"字无论如何不会是烹法的"煠"字。卖蟹人毕竟不是厨师。谓"大闸蟹"为"大煠蟹",多半是为了解释"大闸蟹"而牵强附会的说法。

尽管如此,争论还没有结束。周仕凭在《环境教育》2017年第10期发表《也谈"大闸蟹"名称的来历》,认为"大闸蟹"来自河道之间的石闸(俗称"大闸"),那里常常可以抓到既干净又大的螃蟹。说那时大闸是用石头砌的,石与石之间不用水泥,其缝隙里常常可以抓到大螃蟹。大闸石头缝里的螃蟹,个头大,蟹爪蟹壳干净、蟹身无泥、体大膏肥、青壳白肚,因此产生了"大闸蟹"。这个解释乍看有道理,但仔细一想又不免牵强。凭我们的日常生活经验,在石头缝里抓蟹,费时费工夫,要抓到可以让那么多小贩满街挑担售卖的量,基本上是天方夜谭。此说虽然解释了"大"和"闸",却在解释"量"上卡壳了。

要搞清楚"大闸蟹"叫法的由来,首先需要弄清楚河蟹的生殖洄游习性。

河蟹是一种营生殖洄游、索饵洄游的甲壳动物,需要在江海交汇处的半咸水弧形带繁殖,再一边索饵一边溯江而上到江

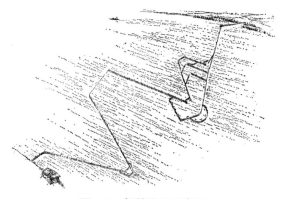

图 1-2　蟹籪作业示意图

图片来源：厦门水产学院《养蟹》编写组，养蟹 [M]. 农业出版社，1975：68.

河湖泊等淡水水域长大。长江水系的河蟹，在每年金桂飘香、芦花飞扬之际，性腺逐渐发育成熟，开始成群结队沿江而下行生殖洄游，于次年春季抵达崇明外长江入海口的半咸水交汇处繁育后代。可见，上海崇明江海交汇半咸水弧线带是长江水系河蟹地地道道的故乡。等到蟹苗孵化出来后，又一边觅食一边溯江而上行索饵洄游，到黄浦江、长江、太湖、阳澄湖等淡水水域长大。熟知河蟹这一生活习性的渔民，每年秋季就在河蟹生殖洄游路线上设"籪"，等待浩浩荡荡的河蟹大军前来，轻轻松松捕捉到个大肥美、黄满膏浓的大闸蟹了。此时捕捞的河蟹，由于性腺发育成熟，身体规格几乎长到最大（其他时节抓不到这么大的蟹），成了人人称道的"黄蟹""膏蟹"，个体最为硕大，味道最为鲜美。这也就是屈大均所说的"网蟹何如籪蟹肥"，储树人所谓"最是深秋籪蟹好，一斤仅买两筐圆"。同时，由于渔人把握了河蟹的生殖洄游习性，因此设籪而捕蔚为可观，有道是"十倍收来籪蟹肥"（清张沙白《宝应竹枝词》），"一夜海潮拥蟹至，朝来几担入城中"（清王士禄《锦秋湖竹枝词》）。而在其他非洄游季，河蟹是不可能形成一群群蟹阵，因籪而被密集捕获的。由此，不仅很好解释了"大闸蟹"中的"闸"字和"大闸蟹"的"大"字，也很好地解释了"量"字。故争来争去，包天笑先生的说法，还是最为贴近实际的。

俗语说："秋风起，蟹脚痒，九月圆脐十月尖。"九月要食雌蟹，此时雌蟹黄满肉厚；十月要吃雄蟹，此时雄蟹蟹脐呈尖形，膏足肉坚。难怪每每金秋时节，蟹贩们走街串巷，大声吆喝："闸蟹来大闸蟹。""大闸蟹"由是叫开了，渐渐成了河蟹的专享昵称。不过，现在河道多已变迁，有很多都消失不在，加上经济发展带来的水质变化，河蟹的洄游路线早已不如古时畅通。因此，金秋时节在河道设簖捕捞野生"大闸蟹"已比较罕见，多为设簖养蟹，以蟹网、蟹笼等渔具捕捞为主了。

第二节　蟹文化及其内涵

蟹文化成为中国秋文化当中因美食而衍生、发展、创新的文化，每每与芦苇、菊花、明月、香醋、黄酒等如影随形。河蟹的特殊习性与芳醇美味，杂糅着文人雅士咏秋畅怀的意蕴，却又超越其上，成为金秋时节洋溢着鸿运高照、八方来财的民间祈福的文化快事。

一、蟹文化定义

蟹文化，顾名思义就是人类所创造的与蟹相关的物质与非物质文化成果。这里的蟹可以包含江蟹、湖蟹和海蟹等各种各样的蟹，但在本书中特指有关河蟹的文化。因此，本书所述"蟹文化"，即为河蟹文化的简称。

河蟹作为一种水产品，不仅营养丰富而且富含深厚的文化底蕴。朱英雄从以往众多资料中总结出蟹的四种名字（螃蟹、解字、无肠和郭索）、四种味道（肚脐肉、蟹脚肉、蟹黄蟹膏和蟹身肉）和四种勿食（胃、肺、心和肠）。[①] 赵乃刚认为蟹文化泛指人们对蟹的一些认识，包括利用，乃至形成一种产业。[②] 王武等认为历史上有很多文人墨客从各个角度赞美螃蟹的美味，成为中国蟹文化的重要组成部分。[③] 钱仓水认为人们养蟹、捕蟹、食蟹并由此衍生的相关趣闻、掌故、传说、习俗以及体现审美理念的咏蟹诗、文、书、画、歌、舞、剧、乐等社会实践过程中形成的精神成果和物质成果均可称为蟹文化。[④]

朱希祥将蟹文化大致分为蟹乡文化、蟹食文化和蟹咏文化三方面内容[⑤]：（1）蟹乡文化主要以产蟹的某一地域为题，结合蟹的形态、滋味、食用等进行介绍、颂扬与抒情、述志。如江苏苏州的阳澄湖大闸蟹，章太炎夫人汤国黎女士有诗曰："不是阳澄蟹味好，此生何必住苏州。"[⑥]（2）蟹食文化就是指把蟹制作成各种美食，以及约定俗成的食蟹步骤和方法。蟹的吃法多样，如古代最早记载的周代蟹胥，以及后来的蜜蟹、糖蟹、醉蟹、糟蟹等。现代关于蟹的吃法更加丰富多样，而且更为讲究科学吃蟹，比如吃蟹要去除腮、肠、胃、心，佐以姜醋、黄酒，餐后用菊花水净手去腥。食蟹忌与浓茶、柿子等同食。（3）蟹咏文化就是关于蟹的诗文、书画等艺术作品。如明代画家徐渭有一首《题画蟹》诗写道："稻熟江村蟹正肥，双螯如戟挺青泥。

① 朱英雄.王宝和的蟹文化与酒文化［C］//上海市文化研究会编.上海食文化论文集萃（1996年—2006年）.上海：上海市文化研究会，2006：279—280.

② 赵乃刚.蟹文化与蟹业［J］.水产科技情报，2004，31（6）：243—246.

③ 王武，李应森，成永旭.蟹文化［J］.水产科技情报，2007，34（6）：265—266，270.

④ 钱仓水.说蟹［M］.上海：上海文化出版社，2007：27.

⑤ 朱希祥.从古诗文看中国蟹文化的含义［C］//上海市文化研究会编.上海食文化论文集萃（1996年—2006年），上海：上海市文化研究会，2006：274—275.

⑥ 陈益.阳澄湖蟹经［M］.上海：上海人民出版社，2012：59.

若教纸上翻身看，应见团团董卓脐。"① 不仅写出蟹肉肥美，还借蟹嘲讽奸臣董卓。除了文人雅士的蟹文化，在民俗文化中，河蟹还寄托着许多美好寓意，如"二甲传胪②""八方来财③""和谐（荷＋蟹）"等。

图1-3　八方来财　　　　　　　图1-4　二甲传胪

河蟹具有"高营养、高鲜美、高趣味"的特点，被称为"三高"食品。明代文学家张岱就曾说食大闸蟹"不加醋盐而五味俱全"。河蟹的营养价值极高，每100 g可食部分河蟹含蛋白质17.5 g，脂肪2.6 g，碳水化合物2.3 g，钙126 mg，磷182 mg，铁2.9 mg，以及维生素A、维生素B、维生素E，并含微量胆固醇和十余种游离氨基酸。④螃蟹煮熟以后呈橘红色，颜色十分好看，而且散发着独特的异香，让人抑制不住口舌之欲。蟹有四味：脚肉，丝长细嫩，美如银鱼；螯肉，丝短纤细，

---

① 徐渭.徐渭集［M］.北京：中华书局，1983：137—140.

② 人们根据蟹和芦苇都生长在浅水中这一共同特点将二者联系在了一起。根据《明史选举志考论》记载："会试第一为会元，二甲第一为传胪。"螃蟹全身都披着坚硬的甲壳，因此古人常常用甲代指蟹，而"传胪"又与"传芦"谐音，所以民间有二甲传胪的吉祥图纹，主绘两只蟹，而蟹螯分别钳住一根芦苇，谐音二甲传胪（芦），含有金榜题名的良好祝愿。

③ 在传统文化中，蟹作为重要的吉祥摆件之一，含有八方来财之意。蟹有两只粗壮有力的大螯，一旦钳住东西便不会轻易的松开，寓意守财之力。蟹有八只脚故又称"八足虫"，其八足象征着八方，所以人们又赋予蟹八方来财抑或是八方来才的美好心愿。

④ 陈加.江苏省河蟹产业竞争力与产业发展研究［D］.南京农业大学，2009.

味同干贝；胸肉，洁白晶莹，胜似白鱼；蟹黄香糯细腻，满口膏脂。[①] 吃螃蟹的趣因有三点[②]：一是造物之趣。螃蟹模样古怪，看起来凶恶，可一旦煮熟，它就变成一种可爱的食物，白似玉而黄似金，造色香味三者之极。这种反差激起了人们的兴趣。二是食物之趣。一般食物做好以后，端到桌上即可用筷子夹到嘴里享用，唯独螃蟹，要你自己去糟取精，去壳食肉，先揭脐，再掀盖，尽其砣，穷其足，按照顺序来吃，由劳致乐。三是咏物之趣。中国有数千年的吃蟹史，积淀了许多关于螃蟹的诗词歌赋、奇闻逸事，比如"鳌封嫩玉双双满，壳凸红脂块块香"（清曹雪芹《螃蟹咏》）、"蟹法海"[③] 等，在品蟹的时候你一段我一段，增添了不少欢乐。

由此可见，所谓"蟹文化"，就是人们在认识和利用蟹这类甲壳动物的过程中，所创造的物质与精神成果的总和。具体而

表 1-1　2000—2017 年蟹文化定义一览表

作者	时间	文　章	定　义
赵乃刚	2004 年	《蟹文化与蟹业》	蟹文化泛指人们对蟹的一些认识，包括利用，乃至形成一种产业
朱希祥	2006 年	《从古诗文看中国蟹文化的含义》	蟹文化分为蟹乡文化、蟹食文化、蟹咏文化三层
王　武 李应森 成永旭	2007 年	《蟹文化》	历史上有很多文人墨客从各个角度赞美螃蟹的美味，成为中国蟹文化的重要组成部分
钱仓水	2007 年	《说蟹》	人们养蟹、捕蟹、食蟹及社会实践过程中形成的精神成果和物质成果

说明：根据相关文献整理

---

① 赵乃刚. 蟹文化与蟹业 [J]. 水产科技情报，2004（6）：243—246.

② 钱仓水，刘万新. 识蟹咏蟹食蟹 [M]. 黑龙江：黑龙江人民出版社，2002：263—264.

③ 蟹法海即蟹胃中的一个状如法海和尚的结构，源自民间传说。

言，蟹文化主要包括人们识蟹、捕蟹、食蟹、养蟹、赏蟹，以及由此衍生的有关渔具渔法、民谣渔号、食用方式、产品符号、市场风貌、逸闻趣事、掌故传说、寓言风俗，以及有关蟹的诗歌、散文、小说、书画、歌舞、雕塑、音乐等，有时侧重于指有关蟹的风俗、饮食、文学、艺术等精神方面的内容。

二、蟹文化资源

蟹文化已经成为中国人的一种生活方式、文化现象，在历史长河中积淀涵化为一种文化资源，成为人们为不断提高物质与精神生活质量而生生不息转化创新的源泉。

（一）蟹文化资源的定义

目前学术界尚未就蟹文化资源形成明确概念界定。在此应用文化资源学理论，抛砖引玉予以归纳定义。

程恩富认为文化资源是人们从事文化生产或文化活动所利用的各种资源总和，包括文化自然资源和文化社会资源，文化资源的自然方面与社会方面是相互依存的关系。[1]胡惠林将文化资源定义为人们从事文化生产、文化活动所必须的可资利用的各种文化生产要素，包括物质文化资源、精神文化资源和文化人才资源三类。[2]米子川认为文化资源是凝结了人类无差别的劳动成果的精华和丰富的思维活动的物质和精神的产品或活动，并根据文化资源的物质和精神双重属性将文化资源划分为可度量的文化资源和不可度量的文化资源。[3]

综上，蟹文化资源是人类通过自身的生产生活实践，创造形成的具有文化物质财富价值和精神财富价值的各种蟹文化类型及其内容的总和。人类的这一社会劳动既包括从整体角度对

① 程恩富.文化生产力与文化资源的开发［J］.生产力研究，1994（5）：14.
② 胡惠林，李康化.文化经济学［M］.上海：上海文艺出版社，2003：117.
③ 米子川.文化资源的时间价值评价［J］.开发研究，2004（5）：25—28.

既有蟹文化资源的开发、利用和保护，也包括在此基础上进行创新性发展，形成具有商业价值的蟹文化产品。

（二）蟹文化资源的类型

文化资源作为物质与精神等文化要素融合互嵌的资源类型，具有动态变化的根本属性，会随着时间的推移、空间的扩展而不断丰富和演化。文化资源按不同标准可以形成不同的分类体系。山东大学的牛淑萍将文化资源分为语言、图画、观念、遗存、精神、知识、科技、艺术、组织、习俗、人力、市场12种类型。[①] 这种分类方法具体而不琐碎、概括而不笼统，对探讨"河蟹＋文化"产业融合发展模式很有参考价值。本书参考这一划分方法，对蟹文化资源进行分门别类。如图1-5所示，按照有形和无形之分可以将蟹文化资源分为5大主要类型和13个亚类型。

在蟹文化资源分类中，有形蟹文化资源中的文化遗存需要保护，尤其是列为珍贵文物的，宜着眼于公益性适度开发利用；地理遗迹类宜适度开发利用，在开发时要注意避免人为破坏。相反，无形蟹文化资源中的历史观念类，比如蟹的由来、历史

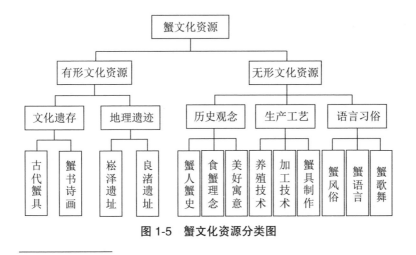

图1-5　蟹文化资源分类图

① 牛淑萍.文化资源学［M］.福州：福建人民出版社，2012：12—17.

故事、古代食蟹名人、食蟹理念、蟹的美好寓意等，在河蟹品牌文化包装、宣传推广上可以转化应用。河蟹生产工艺、语言习俗可以在渔业文化、民俗节庆等领域大力开发，有较高的转化价值。

（三）蟹文化资源的功能

文化与产业之间存在互动关系。河蟹产业为蟹文化提供发展创新的经济基础，同时蟹文化也对河蟹产业发展具有巨大的反作用。蟹文化的兴起，促使人们自愿花费更多时间和精力了解和认识河蟹，从而促使人们改变消费观念，直接促进河蟹产业经济的发展。如图 1-6 所示，蟹文化对河蟹产业主要有以下影响：

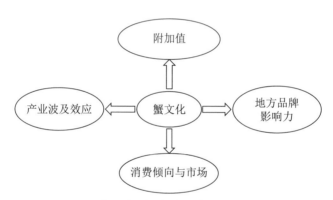

图 1-6　蟹文化对河蟹产业发展关系示意图

提升河蟹产品附加值。蟹文化与河蟹产业融合发展，可以提升河蟹产品的附加值，使人们在河蟹消费过程中获得额外的文化体验，从而获得美食、品味、身份乃至地位的满足感，在此过程中凸显自信、愉悦身心，从而感到物有所值，甚至物超所值。河蟹作为一种特种水产品，由于历代蟹文化内涵的积累，已经从简单的食物转变为一种有内涵有品位的文化生活符号，从而被赋予精神层面的意义。通过研究阳澄湖大闸蟹的发展历程，可以发现其背后的蟹文化、姑苏文化、赏菊文化、黄酒文化、中医保健文化等元素的影响。对蟹文化资源进行创造性挖掘、转化和应用，有助于创造和增加河蟹产品附加值，使河蟹从单纯的商品价值上升为"商品＋文化"价值，提高河蟹的单位经济效益。

助推河蟹产业波及效应。一个好产业，不仅能实现自身经济增长，而且可以通过产业波及效应，促进周边再周边地区、下游再下游产业、相关再相关领域的发展。对蟹文化资源的有效挖掘和创造性转化应用，可以促进河蟹产业由第一产业向第二、三产业延伸，促进第一、二、三产业融合发展，打通三产边界，使河蟹产品走向多元化、多层次化，从而进一步扩大市场空间，甚而诱发众多衍生产品和衍生市场。文化可以创造需求，需求可以提升市场，市场可以细分产品，产品可以反哺文化。文化是经济持久发展的内生要素。"文化＋"可以强化波及效应，创造持续需求，激发多元细分的新兴市场。蟹文化与河蟹产业融合互动，相得益彰、彼此受益。在文化经济时代，蟹文化的产业应用价值日益凸显，逐步成为河蟹产业发展的生产要素之一。由蟹文化到蟹文化美食、蟹文化会展、蟹文化旅游、蟹文化经济等，使河蟹产业由第一产业向第二、三产业波及，尤其向服务业延伸，对突破河蟹产业季节限制，延长河蟹产业经济周期，优化河蟹市场结构，拓展河蟹产业发展空间等具有重要作用。

提升地方品牌影响力。地方性蟹文化资源，可以造就独特的河蟹地方品牌。自觉挖掘和应用地方性蟹文化资源，有助于在河蟹消费体验中增加知识性和趣味性，有助于创建和提升河蟹地方性品牌知名度。河蟹产业作为一个拥有悠久历史和文化底蕴的产业，显示了超越河蟹产业本身的价值、意义与文化优势。纵观中国河蟹产业发展中那些闻名遐迩的地方性品牌，不难发现它们都具有悠久历史和深厚的地方文化背景。比如古丹阳大泽的花津蟹、河北白洋淀的胜芳蟹、江苏阳澄湖蟹等地方品牌都有着悠久历史和丰富的文化内涵。其中有些河蟹,尽管大多数人可能没有品尝过,但却或多或少听说过这些品牌。这就是蟹文化对河蟹地方品牌相辅相成的显著结果。

促进河蟹产业多维度发展。蟹文化可以有效拓展河蟹产业发展维度,促进河蟹产业可持续发展。随着文化旅游的兴起,河蟹生态观光园、蟹文化主题公园、蟹文化旅游等,在为人们提供亲近自然、颐养身心场所的同时,也扩大了河蟹产业辐射面,带动更多产业形态发展。比如蟹文化旅游,有助于挖掘当地特色,是实现蟹文化与河蟹产业融合发展的新业态,促进了第一、二、三产业的联动与互嵌式发展。蟹文化与河蟹产业融合发展,具有4个显著特点:一是在保证河蟹生产的基础上,为人们提供美食、体验、休闲、娱乐等服务,创造更多经济效益;二是以服务经济为导向,按照服务经济要求进行设计、开发和建设,实现河蟹生态养殖、景观体验与服务经济的完美融合;三是低风险、多保障、高收益,可以获得河蟹产业和当地旅游业的双重经济效益;四是地域限制小,各具风格且形式多样,让消费者切身感受当地特色蟹文化的知识性、故事性、互动性和趣味性。

三、蟹文化的主要影响因素

文化是人们与周边环境在长期的历史互动过程中所形成的生活方式,因此会受到众多外在因素的影响。具体而言,大致有以下影响因素:

（一）地理因素

地理因素对蟹文化有重要影响。河蟹在中国的地理特征性分布,成就了中国特有的蟹文化,同时由于河蟹的生殖洄游与索饵洄游特性,使河蟹多分布在入海江河的下游流域,因而中国古代几大历史名蟹及其蟹文化，也多分布于东部沿海地区。然而，如今随着河蟹人工养殖技术的突破，蟹文化的发展区域和谱系正在逐步扩大，由东部地区渐渐向中部、西部地区发展。比如在湖北、宁夏、贵州等地，如今也多产好蟹，且逐步形成金秋赏菊品蟹的习俗。

（二）文化因素

中国古代以农立国，形成了精耕细作、以农为本的文化传统。此外，孔子在《论语》中主张"食不厌精，脍不厌细"。这些因素促成了人们对食材的精细化加工和利用。比如，中国人围绕大豆，开发出来豆芽、豆腐、豆浆、豆腐皮、素鸡、素鸭、豆豉、豆腐乳等各种食品。即便豆腐，在安徽就可以制作出100多种豆腐菜；浙江绍兴的臭豆腐更成为传遍大江南北，深受欢迎的小吃；再比如大米，中国人开发出米饭、八宝粥、米糕、年糕、发糕、青团、米线、酒酿、黄酒、米酒、米醋等形形色色的美食、饮品和佐料。这种由精耕细作而衍生的"物尽其用"的民族文化习惯，使中国人对大闸蟹也创造出各种各样的烹制方法，如煮蟹、蒸蟹、蟹粉等，还发明"蟹八件"等精致食具。

蟹文化中国独具特色、璀璨繁荣，也与中国人特别钟情红色的文化心理有关。对中国人而言，红色代表热情、吉祥、喜庆、奔放、斗志、革命等，自古受到中国人民喜爱。婚庆之喜要用红色，高中状元要穿戴红色，春节要贴红色窗花、挂红灯笼、贴红对联、贴红福字等。以致可口可乐在进入中国市场时，经过市场调查后而决然采用红色系的设计包装。正因如此，河蟹由于蒸熟后浑身红彤彤的，在金秋时节夺人眼目，既洋溢着浓浓的喜气，又散发着诱人的芳香，因而得到越来越多中国人的青睐。

（三）科技因素

科技因素是影响蟹文化的重要因素。过去食蟹，以采捕野生河蟹为主，因此食蟹的季节性明显，能够消费河蟹的地理范围也比较有限。然而，在漫长的封建社会发展过程中，渔业科学技术得不到应有重视，因此一直到 20 世纪初叶，河蟹基本上以采捕野生河蟹为主。新中国成立后，在西方各国迄今仍以捕为主的情况下，中国逐步确立起以养为主的方针，渔业科学技术得到史无前例的重视，河蟹的产卵场、河蟹生活史、河蟹人工繁殖、河蟹人工养殖、河蟹营养与饲料等先后取得突破，并探索出池塘养蟹、湖泊养蟹、稻田养蟹、生态养蟹等养殖模式。河蟹的营养价值也因为食品科学的进步而一一被揭示。此外，在由全国到地方的水产技术推广体系帮助下，河蟹生产技术逐步扩大到安徽、湖北、江西、贵州、宁夏等地，消费地域也波及更多省份和地区。2017 年河蟹产量达 75.09 万吨。[①] 中国河蟹产业的蓬勃发展，得益于中国特有的渔业科技与推广体系，与科技进步密不可分。

第三节　历史名蟹

在历史长河里，中国形成了三大历史名蟹，即地处苏皖两省的古丹阳大泽的花津蟹，河北白洋淀的胜芳蟹，江苏阳澄湖的大闸蟹。

一、花津蟹

花津蟹，古时盛产于古丹阳大泽，曾列为三大名蟹之首。古丹阳大泽包括丹阳湖、石臼湖、固城湖、金钱湖（今金宝圩，

---

① 农业农村部渔业渔政管理局，全国水产技术推广总站，中国水产学会编制．2018 中国渔业统计年鉴［M］．北京：中国农业出版社，2018：9．

即水阳镇，三国时期东吴大将丁奉围湖造田）、南漪湖以及周边地区一大片低洼湿地。这块湿地横跨苏南和皖南二省，呈三角形，号称河蟹"金三角"。

花津蟹早在唐代时就声名远播。李白在品尝花津蟹后，曾兴致勃勃地创作五言诗《月下独酌》："蟹螯即金液，糟丘是蓬莱。且须饮美酒，乘月醉高台。"这首诗描述的就是月下就美酒品尝河蟹的情形。诗仙一首蟹诗，将蟹文化、月文化、秋文化、酒文化等串联起来，使得原本一盘蟹，生出一片别样洞天。北宋诗人梅尧臣也曾诗咏花津蟹："樽前已夺蟹滋味，当日纯羹枉对人。"明代朱元璋建都应天（今南京），由于比邻古丹阳大泽，成就了花津蟹最为盛名的时期。在清代，花津蟹成为朝廷贡品，乾隆皇帝赐名花津蟹为"御之蟹"。

时代风云流变，随着明代迁都北京，苏州的经济地位和影响日隆，阳澄湖大闸蟹逐渐声名鹊起，以致连盛产花津蟹的丹阳大泽地区，都喜欢延用吴地叫法，称河蟹为大闸蟹。花津蟹与阳澄湖大闸蟹各有千秋。花津蟹的特点是鲜，阳澄湖大闸蟹的特点是甜，正应了苏州人嗜甜的口味。

二、胜芳蟹

胜芳蟹产于比邻北京的白洋淀（古代称文安洼）。北京自元代起便先后作为元代、明代和清代的都城。新中国成立后，又成为国家首都。北京文化繁荣、经济富庶，"胜芳蟹"自元代开始，凭借"近水楼台先得月"的地理优势而芳名渐响，称誉北方。

胜芳蟹以"金爪玉脐"闻名于世，特点是个体大、壳薄、附肢有力、体质健硕、背部呈墨绿色、腹面为奶白色。清蒸后，胜芳蟹黄满膏肥、肉质细嫩、清香味甜。胜芳蟹在明清时期就已成为御用贡品。

第一章 蟹文化的基本知识

23

胜芳蟹产地霸州市，为暖温带半湿润半干旱大陆性季风气候，史上境内河流注淀星罗棋布，素有"九河下梢"之称。因历经沧海桑田，注淀淤积，旧河多废，已构成新的大清河水系。中亭河系大清河支流，东西贯穿霸州南部，全长66.847千米，控制排水面积2342.58平方千米。清乾隆皇帝所作《过中亭纪事》载："中亭入玉带，玉带即清河，中亭泻浑涨，壑窄难容多，荡漾沙远留，至此为澄波。"1922年《文安县志》卷之一《方舆志》载："大清河上承西淀（白洋淀）之水，注之东淀……东流归淀，又挑中亭河绕出胜芳之北，用泄大清上游，减其汹涌之力。故清河无北岸，中亭无南堤，南北七八里，遥遥相望。"

对胜芳蟹的美味，上至皇帝，下至百姓，无不啧啧称赞。传说乾隆皇帝有次微服私访，恰巧走到正阳楼，就步入楼内品蟹。吃过两只后仍意犹未尽，还想再多吃几只，但堂倌却无奈地说，由于市面上货量不多，早已卖完了。乾隆皇帝颇感遗憾，回宫后即命内务府，日后但凡螃蟹上市，着正阳楼先行挑选。这个传统自乾隆时期起一直延续到七七事变前夕，每逢河蟹上市卸货，总是请正阳楼先挑。河蟹味美，皇帝还曾将胜芳蟹命人用坛子装了，赐予远在千里之外的云贵官员。但由于从国都至云贵路途遥远，古代交通不便，每每等胜芳蟹运到目的地时均已腐败变质。尽管如此，大家感念御赐珍馐，特为不远千里而来的胜芳蟹建冢，甚而立碑赋铭。1972年，日本首相田中角荣访华时提出希望品尝胜芳蟹。1990年，北京第十一届亚洲运动会组委会要求供应胜芳蟹。胜芳蟹凭借历史盛名，在新时期焕发出新活力。

三、阳澄湖蟹

阳澄湖蟹，长期以来被称为蟹中之冠。这与阳澄湖的特殊生态环境有关。水域方圆百里，碧波荡漾，水质清纯如镜，水浅底硬、水草丰茂、延伸宽阔、气候适宜，正是河蟹理想栖息之地。所以，阳澄湖蟹的形态和品质，在河蟹家族中颇有赞誉。

阳澄湖又名阳城湖，东依昆山，南靠苏州吴县，北邻常熟，面积达 120 平方千米。人们习惯上将它分为东湖、中湖和西湖。公元前 541 年，吴王阖闾命宰相伍子胥象天法地、相土尝水，修建姑苏城，旨在防止越国和北方附楚淮夷的侵犯。伍子胥把阳澄湖作为天然屏障，在湖的东、南、北筑巴城、相城、度城、阳城、武城、雉城等 12 座城池。阳城本是一片陆地，大约在唐宋年间，由于地壳变动，突然陷落，阳城被水淹没成了一片湖泊，阳城湖因此得名。到了元明之际，人们以音讹传，"阳城湖"变成"阳澄湖"。"澄"字倒是道出其水质特点。阳澄湖水清见底、水产丰盛。

按国际标准，水深在 6 米以内均称为湿地。阳澄湖是一块淡水湿地，水草、鱼类、贝类、鸟类等生物资源十分丰富。阳澄湖水草丰富、水位稳定、水温变化小，水质清澈，螺蛳、鱼虾等饵料资源丰富；特别是阳澄湖淤泥少、底质硬，号称"铁板沙"。河蟹在这种环境中生活，新陈代谢快、个大、体重、八爪坚实有力，即使放在玻璃上也能八爪挺立、双螯腾空、威风凛凛。其蟹黄肥厚、肉质细嫩、滋味鲜美，享誉海内外。渔谚有"蟹大小、看水草，蟹多少、看水草"之称。

早在五六千年前的崧泽文化和良渚文化时期，居住在阳澄湖畔的远古先民，就已经懂得品尝煮熟的螃蟹。

明代中叶，阳澄湖蟹随着苏州经济的发展而声名远播。

到了清代，尤其是上海开埠后，阳澄湖蟹的名气已超过花津蟹、胜芳蟹两大历史名蟹。清乾隆二十六年（1761 年）《乾隆元和县志》载："葑门外诸湖俱有，惟出吴淞江者大而色黄，益肥美。"清乾隆三十年（1765 年）《吴郡浦里志》（浦里即今角直）："蟹出吴淞江者大而色黄，陆龟蒙有蟹志。"清道光六年（1826年）《昆山新阳两县志》："蟹，季志云，蔚州村出蟹，形差大，壳软味佳，捕入筌箸，自屈其脚不露爪。今则出阳城湖商洋潭者为上善，藏以俟元宵，鬻之，俗谓之'看灯蟹'"。清道光二十八年（1848年）《元和唯亭志》记载："蟹，诸湖俱有，出阳城湖者最大，壳青脚红，名金爪蟹，重斤许，味最腴。"清光绪七年（1881年）《昆新两县续修合志》记载："湖蟹，青壳赤爪，在阳澄湖者味最美。"光绪三十三年（1907年）《信义志稿》："蟹出阳澄湖者，谓之湖蟹，青壳赤爪，重斤许者味最美，每岁九十月，诸港汉居民处处设簖取之。"

从地方志来看，尽管阳澄湖蟹在清代以前就已出名，但大部分产于阳澄湖周边的潭塘和河流，如吴淞江、娄江等。真正以"阳澄湖"之名而蜚声天下是在乾隆以后，估计在嘉庆、道光之交，可能与清代文人黄子云的《食蟹歌》有很大关系。

西湖湖蟹兴秋高，品馔独此平生求。荻枫萧萧鸿叫野，乘兴鼓枻横泾游。横泾地主我旧姻，门前曲绕西湖流。村墟九月簖未除，到即先与比邻谋。仆童提筐复四出，黄昏归到声啁啾。青丝挽束受饔人，呼婢取酒须新筥。酱醋姜韭寻常味，与此佐助皆珍馐。移时磊落登盘筵，气犹奋怒张两眸。捧杯大笑号众中，食我多者同寇仇。灯前攘腕了不顾，老眼久注探其尤。爱红入手未须史，眘然擘落轮囷兜。柔腻或白芙蓉脂，垒块咸赤丹砂毬。肉房栉比犬牙错，细理剔块情绸缪。巨螯犀角粘柔毛，偏旁大小如吴钩。齿力宛转碎脱之，肌雪入口无停留。若肥若瘠尽饕餮，毫锐不肯轻弃投。霜月皑皑光照户，素娥流涎久莫收。从酉至亥始罢席，计觥不觉逾百筹。醉看坐客恣狼藉，乘脐残爪森戈矛。左右岂无刍豢列，对之于我行云浮。齐州称雄淮南闽，岭海一网千万头。往昔华筵颇餍饫，如斯甘美莫与俦。吾

闻皇天恶不仁，一物戕害非身修。矧兹百年含糇夫，口腹岂可
穷遐搜。呜呼！君不见，夷齐薇蕨颜箪瓢，未闻寿考封公侯！

图 1-7　1917 年《申报》刊登一则大闸蟹广告，提到"阳澄湖大蟹"

20 世纪二三十年代，阳澄湖大闸蟹开始风靡上海。时巴城
镇上有家义隆渔行，1926 年起为上海同顺泰渔商收购水产品，
1930 年独立经营。每逢深秋季节阳澄湖大闸蟹上市时，义隆
渔行便对大闸蟹按等依重分类。因老板姓毛，蟹篓上漆着红色
"毛"字。质量上乘的"毛"字蟹因个大味美，质量过硬，在上
海名声大噪。杨树浦菜场、北菜场等水产市场，每天清晨都要
等巴城阳澄湖的"毛"字蟹到货后，方开始唱价开秤。

新中国成立后，由于白洋淀断水、蟹苗索饵洄游通道被阻
断、原丹阳大泽地区围湖造田、江河水域污染、阳澄湖是距离
长江口最近的草型湖泊、京剧《沙家浜》的宣传效应等因素，
阳澄湖蟹的声誉就一下响亮起来。

阳澄湖蟹有四大特征：一是青背，蟹壳呈青泥色，平滑而
有光泽；二是白肚，贴泥的腹甲晶莹洁白，无墨色斑点；三是
黄毛，蟹腿的毛长而呈黄色，根根挺拔；四是金爪，蟹爪金黄、
坚实有力，放在玻璃板上，八足挺立、双螯腾空、背脊隆起、
威风凛凛，因此被称为"中华金丝绒毛蟹"。

第二章 蟹文化的历史与发展

第一节 蟹文化的历史演化

早期人们忌惮螃蟹外形奇特，且认为螃蟹戕害农田，因而视螃蟹为"恶兆"，直到有人阴差阳错地误食了螃蟹，发觉其美味无比，成为"第一个吃螃蟹的人"，螃蟹才开始进入人们的食谱和日常生活。最早关于食蟹的文字记载可追溯到《周礼·庖人》中提到的"青州之蟹胥"。螃蟹地位反转以后，随着华夏民族的创造而日积月累，在中华民族历史上留下了食、文、书、画、歌、舞、剧、乐等各种形式的文化印记。^①由于河蟹的生理生态和滨海溯江特点，蟹文化成为一种文化现象的时间比较晚。直到魏晋南北朝时期，政治与文化中心东渐，蟹文化才开始登堂入室，并随着历史长河的演进不断得到丰富和发展。

一、魏晋南北朝：蟹文化的萌芽期

在古代，河蟹曾被视为有害农业，导致稻谷减产的害虫。《礼记·月令》载："孟秋行冬令，则阴气大胜，介虫（蟹的别名）败谷。"郑玄注："败谷者，稻蟹之属。"意思说在古时，稻蟹（河蟹）在秋季是需要严加防范的"败谷"害虫。《国语·越语》记载吴越战争期间，吴国于公元前483年闹了一场蟹灾。说越王召范蠡问道："吾与子谋吴，子曰'未可也'。今其稻蟹不遗种，其可乎？"对曰："天应至矣，人事未尽也，王姑待

---

① 郭靖.江南蟹文化及其产业融合应用研究——以上海市崇明区为例［D］.上海海洋大学，2019.

之。"说的是越王认为"稻蟹不遗种",就是说河蟹吃了吴国稻谷吃到连种子都没剩下来,是不是可以伐吴了?范蠡回道,天时虽然有了,但是人事还没到火候,请越王继续等待时机。吴国因为蟹灾而稻谷歉收,连来年稻种都无着落,其后终于导致人心浮动,使越国趁机灭了吴国。[1]

尽管古代人们对河蟹的认识在逐步进步,但是河蟹文化成为一种文化现象,却启蒙于魏晋南北朝时期。魏晋南北朝时期虽然社会动荡,政权更迭频繁,但也是精神极度自由、个性极为解放的时代。士人阶层渴望冲破"礼"的束缚,追求个性的卓异和精神的超越。河蟹由于其张扬外形、横行之态和外刚内鲜的特点,在一定程度上反映了士人对封建桎梏的挑战和内心高尚的品格,所以受到士人阶层争相追捧。每逢金秋时节,士人阶层吃蟹、饮酒、赏菊、赋诗,逐渐发展为闲情逸致的文化生活享受。魏晋风流名士作为蟹文化的创造者和传播者,促进了蟹文化在一定范围内的记载和传播[2]。《世说新语·任诞》记载,晋毕卓曾宣言:"一手持蟹螯,一手持酒杯……拍浮酒池中,便足了一生矣。"这说明吃螃蟹已逐渐成为一种饮食文化,并且与当时名士们渴望摆脱世俗功利,追求遗世独立的社会环境相契合。

二、隋唐：蟹文化的发展期

隋代结束了魏晋以来长期的山河分裂局面,实现了短暂统一。然而,刚刚统一起来的国家经济凋敝,文化更加难以兴盛,所以这个时期在历史上留名的文人较少,有关蟹文化流传下来的文字、绘画不多。隋代虽然短暂,但其"开皇之治"为唐代经济与文化发展奠定了物质基础,间接带动了其后蟹文化的发展。

---

① 兰殿君.蟹文化趣谈 [J].书屋,2016(11):69—71.
② 王康璐.魏晋南北朝岁时节令饮食文化研究 [D].华中师范大学,2018.

唐代初期政治清明，整个社会得以休养生息，经济获得快速恢复和发展。此时，蟹文化题材较为单一，与魏晋南北朝蟹文化一脉相承，多与金樽、美酒等奢华之物相关，彰显粗犷豪迈的饮食之风。安史之乱后，包括今苏南、皖南和浙江等地区，成为北方移民南迁的首选之地，而以南京为中心的沿江地区成为移民的分布中心。随着人口大量增加，在相对安定的唐中期到北宋末年的三个半世纪中，江南平原地区得到高度开发，中国的经济中心开始南移。与此同时，中国历史上最悠久的古丹阳泽的"花津蟹"开始闻名。诗仙李白晚年生活在当涂，留下了大量咏蟹诗句。此后，文人不再将饮食题材仅仅作为消遣之用，以蟹为创作题材的文人较唐代前期增多，蟹文化进入承上启下的转承期。通过对《全唐诗》进行检索，以"蟹"为关键词的有45篇，其他别称如"郭索"1篇，"无肠公子"1篇，"双螯"1篇（数据来源：中国国家图书馆）。其中，内容多为对蟹肉美味的称赞或借物咏情。如羊士谔《忆江南旧游二首》："山阴道上桂花初，王谢风流满晋书。曾作江南步从事，秋来还复忆鲈鱼。曲水三春弄彩毫，樟亭八月又观涛。金罍几醉乌程酒，鹤舫闲吟把蟹螯。"这首诗反映了当时的文人墨客对魏晋文人金秋时节"把酒持螯"这种高雅闲适情趣的向往之情。[①] 蟹作为特定时节的食材，承接了魏晋时期形成的独立文化内核，作为一种文化载体，在唐代士人的创作中得到体现，为蟹文化进一步发展提供了新的文化内涵。

三、宋：蟹文化的兴盛期

进入宋代，文化发展达到登峰造极的高度。陈寅恪称："华夏民族之文化，历数千载之演进，造极于赵宋。"而宋代精神文

---

① 刘浮，赖晓君. 从唐宋论蟹诗歌看宋代蟹文化审美趋向［J］. 美食研究，2019，36（02）：18—22.

化最重要的特色就是文化普及和整个社会民众素质的提高，具体表现为文学艺术走出门阀士族，向着平民化、世俗化与普及化方向发展。① 随着宋代经济和文化的空前繁荣，蟹文化也逐渐成熟。

宋代出现 3 位重量级的蟹专家，即傅肱、吕亢和负篦道人。宋嘉祐四年（1059 年），傅肱（浙江人）完成《蟹谱》，为中国蟹学开山之作。吕亢（山东文登人），在浙江临海做官时，让画工把当地常见的 12 种蟹一一作图，记其形态。负篦道人，载于南宋末年周密（1232—1308，浙江吴兴，今湖州人）在《癸辛杂识后集·故都戏事》的记述：

又尝侍先子观潮。有道人负一篦自随，启而视之，皆枯蟹也。多至百余种：如惠文冠、如皮弁、如箕、如瓢、如虎、如龟、如蚁、如猬；或赤、或黑、或绀，或斑如玳瑁，或粲如茜锦，其一上有金银丝，皆平日目所未睹。信海涵万类，无所不有。昔闻有好事者，居海濒，为蟹图，未知视此何如也。

这位道人收集了"多至百余种"枯蟹，可见是位颇领先时代的蟹标本采集和制作者，是一位独居慧眼的古代蟹分类学家。②

《全宋诗》中与关键词"蟹"直接相关的诗为 812 首，其他别称如"郭索" 53 篇，"无肠公子" 5 篇，"双螯" 21 篇（数据来源：中国国家图书馆），数量之多远甚于前朝；而词是当时另外一种更具代表性的文学形式，通过对《全宋词》进行关键字检索，"蟹"相关的词共 77 篇，别称"郭索" 2 篇，"双螯" 3 篇（数据来源：河南大学图书馆）。创作者从籍籍无名的文人到

---

① 刘丽.宋代饮食诗研究［D］.浙江大学，2017.
② 钱仓水.说蟹［M］.上海：上海文化出版社，2007：36.

国家的统治者，涵盖范围之广、影响之深，表明了社会各阶层对螃蟹的喜爱之情。蟹文化从居庙堂之高的阳春白雪，到处江湖之远的下里巴人，其精神内涵与民间文化相结合，从而得到更广泛的传播与发展。从饱含对美好生活态度和政治社会氛围的向往，到兼容并蓄、糅合普罗大众的口腹生活，构建起宋代生活美学的新意象。至此，蟹文化的内核已然形成。

四、元：蟹文化的衰退期

元代是中国历史上第一个由少数民族建立的大一统国家，社会阶层包括蒙古人、色目人、汉人以及南人四个等级。由于贵族内部的政权争夺及民族矛盾引发的社会动乱，元代经济长期处于停滞发展状态。作为蟹文化主要传播群体的南人，此时间社会地位低下、社会财富被掠夺，蟹文化的发展状况无法与宋代相比。然而，这一时期，元代对外征战较多，所以对外交流比较频繁，间接导致外来食物香料的增加，食蟹方式在此时逐渐增多，如忽思慧撰写的《饮膳正要》中提到的"煮蟹法"，即"用生煎、紫苏、桂皮、盐同煮，才火沸透便翻，再一大沸便啖。"食蟹方法的增多也为食蟹工具的产生起了重要推动作用。

五、明清：蟹文化的复兴臻熟期

明清之际是中国蟹文化的复兴臻熟期，人们对蟹的利用和认识有了很大提升。

道光年间苏州文士顾禄，字总之，一字铁卿，自号茶磨山人，能诗能画，所著《清嘉录》传入日本。《清嘉录》分12个月，记述了苏州及附近地区的节令习俗。卷十《十月》中有"煤蟹"一条：

湖蟹乘潮上簖，渔者捕得之，担入城市。居人买以相馈贶，或宴客佐酒，有九雌十雄之目，谓九月团脐佳，十月尖脐佳也。汤煠而食，故谓之煠蟹。

此条后引《苏州府志》，蟹凡数种，出太湖者大而色黄壳软，曰"湖蟹"，冬月益肥美，谓之"十月雄"。沈偕诗"肥入江南十月雄"。又云出吴江汾湖者，曰"紫须蟹"。莫旦《苏州赋》注云，特肥大有及斤一枚者。[①]

《古今图书集成》为奉清圣祖康熙命编撰，本名《古今图书汇编》，最初由陈梦雷纂集而成，到清世宗雍正即位，又命蒋廷锡等重加编校增删，改名为《古今图书集成》，于雍正六年（1728 年）用铜活字排印，共印 64 部。其后，被多次翻印。

全书 1 万卷，目录 40 卷，分历象、方舆、明伦、博物、理学、经济六个汇编，乾象、岁功、历法等 32 典，天地、日月星辰、风云雷电等 6109 部。其 161—162 卷即博物汇编、禽虫典、蟹部。蟹部约 24000 字，卷首为蟹图，其后依次为蟹部汇考、蟹部艺文一、蟹部艺文二、蟹部选句、蟹部纪事、蟹部杂录、蟹部外编，共七部分。各部分所辑资料，根据原书整篇或整段抄入，一一标明书名、篇名、作者。

《古今图书集成·蟹部》所收蟹类名称，为中国古籍之冠，为研究蟹文化必读书籍。[②] 蟹部收录蟹类名称、蟹的性状、捕捉、食法、医用

图 2-1　钦定古今图书集成

①　赵乃刚.蟹文化与蟹业［J］.水产科技情报，2004（06）：243—246.
②　钱仓水.说蟹［M］.上海：上海文化出版社，2007：331—333.

等。其中，值得注意的是有关"河蟹"的记载：

郭索（《尔雅》）

无肠公子（《抱朴子》）

横行介士（《蟹谱》）

孙之騄，字子晋，一字晴川，浙江仁和（今杭州）人，贡生，雍正间官庆元县教谕。丙申年（1716年）三秋偶暇，他著成《蟹录》，后又著《后蟹录》《续蟹录》。孙之騄著《蟹录》有3个原因：（1）嗜蟹："读罢汉书频索酒，看穷离卦想持螯"。（2）爱蟹：《蟹录》收入孙之騄的蟹说、蟹传、蟹诗、蟹评、蟹议、蟹事等共18条，涉及对蟹性的理解、蟹史的追溯、蟹毒的消解、蟹情的抒发等，其中有蟹诗12首。（3）追蟹：他受到《蟹谱》启发，《蟹录》第一卷一条不漏抄自宋代傅肱的《蟹谱》，卷三又抄录《蟹谱》的小序和总论。

《蟹录》内容丰富，由三部分组成：（1）《蟹录》四卷：卷一谱录，卷二事录，卷三文录，卷四诗录，合计约27000字；（2）《后蟹录》四卷：卷一事典，卷二赋咏，卷三食宪，卷四拾遗，合计约37000字；（3）《续蟹录》不分卷，分条抄录，合计约14000字。3部《蟹录》总计约78000字，字数是《蟹谱》的11倍，《蟹略》的4倍，《古今图书集成·蟹部》的3倍。《蟹录》引录数百种书籍（篇）、上千个条目，涉及经史子集，渔业、饮食、医药、习俗等方方面面，例如：

以死蟹酿水浇菊花，则莠虫不生。（明·王象晋《群芳谱》）

能从《群芳谱》里淘出这句以蟹治花虫的记录，可见搜寻资料之微。次如：

镇纸云蹲虎，辟邪，有红绿玛瑙蟹，可谓奇绝。裁刀靶唯西番鸂鶒木最为难得，其木一半紫褐色，内有蟹爪纹，一半纯黑色，如乌木。（宋·赵希鹄《洞天清录》）

对一般人不太经意的玛瑙蟹形文具，也被他从《洞天清录》里摘录出来，足见他穷辑文献之专。再如：

蟹为甲胄横行之象，蟹满田原者，众多之兆。梦此主兵戈扰攘，寇盗纵横，有国家者当修城郭，缮器械，严武备，以预防之。（明·陈士元《梦林玄解》）

《梦林玄解》里这段以蟹解梦的文字，竟然也被他搜罗出来。

此外，对一向被推崇的蟹诗、蟹事，《蟹录》更是力求穷尽，从陆游、王世贞等文集里一句句抄录出来，网络的蟹诗摘句就达 148 句（联）之多。

《蟹录》洋洋洒洒，得益于蟹文化数千年的积淀。到孙之𫘤生活的清代康乾盛世时，蟹文化已经蔚为大观，加上清代前期李渔、尤侗、屈大均、陆次云、褚人获等诗文记述，为孙之𫘤广征博引，成就规模宏大、内容丰富的《蟹录》提供了基础。康乾时期喜编卷帙浩繁的《古今图书集成》大类书，《四库全书》大丛书，《蟹录》无疑也是那个求大求多、求全求备时期的风气使然。[①] 不过，这倒为蟹文化留下了一笔宝贵遗产。

明清时期，蟹文化向两个大的方向快速发展，即"俗吃"和"雅吃"。所谓"俗吃"就是追求大快朵颐，吃饱尽兴。这种广泛流传于草根阶层的食蟹风格，自然形成与"末枝""贱事"

---

① 钱仓水.说蟹［M］.上海：上海文化出版社，2007：334—336.

的烹饪与"吃相"有关的通俗文化。"雅吃"重点在附庸风雅，注重文化形式与文化内涵体验。在明清时期，士大夫阶层在食蟹时，从色、香、味、形的追求到食用方式的考究都逐渐精致化，如"蟹八件"在初期仅有3件（鼎、签子、锤）①，后发展到4件、6件、8件、10件、12件，巅峰时期甚至多达64件，材质和外观也更加精致和美观。食蟹器具的出现和复杂化，标志着河蟹文化的发展达到成熟阶段。然而，到了64件，不免过于繁琐。

　　某种文化价值的衡量标准不仅取决于其相关文学、艺术作品数量的多寡，更在于其历史地位和文化影响力。作为四大名著之一的《红楼梦》，曾两次描写蟹宴。以《红楼梦》第38回大观园的蟹宴为例，对明清时期的蟹文化进行分析。蟹宴前的闲聊，凤姐笑道："回来吃螃蟹，恐积了冷在心里"；蟹宴初始，凤姐吩咐："螃蟹不可多拿……吃了再拿""把酒烫烫的滚热的拿来""多倒些姜醋"等，说明当时人们对螃蟹作为食材的特性非常了解，十分注重食材的营养价值，螃蟹性寒，不宜多吃、凉着吃，应配酒和姜醋来补虚散寒。同时，文中还有一些描写食蟹过程的细节，生动具体，也反映出食蟹的方式方法在明清时期已经发展成熟。例如，席间，持螯赏桂，宝玉提议作诗，宝玉、黛玉分别作诗："持螯更喜桂阴凉，泼醋擂姜兴欲狂。""螯封嫩玉双双满，壳凸红脂块块香。多肉更怜卿八足，助情谁劝我千觞。"反映出当时大户人家啖蟹、咏蟹、以蟹抒情已成为常态。②曹雪芹将食蟹的有关食性、食法知识融入了小说情节，是对当时人们食蟹文化的艺术再现。

---

　　① 刘艳梅.我国首部"蟹文化史"——《说蟹》[J].图书馆杂志，2008，27（8）：95—96.

　　② 茆晓君，钟琴.从《红楼梦》中看品蟹风俗和文化[J].理论界，2009（11）：183—184.

六、20世纪初迄今：蟹文化的隆盛期

20世纪初迄今，为中国蟹文化的隆盛期。

清末民初，随着上海开埠后这座滨海城市的发展与崛起，以阳澄湖大闸蟹为代表的中国河蟹，助推中国蟹文化形成一个新的历史高潮，尤其是进入21世纪以后逐步进入隆盛期。

产于北方白洋淀的胜芳蟹，从元代开始逐渐闻名遐迩。朱元璋建立明朝、定都南京以后，比邻南京出产的花津蟹进入史上全盛时期。到了清代，花津蟹成为贡品，乾隆皇帝封其为"御之蟹"。明代中后叶，随着苏州经济的发展与繁荣，阳澄湖蟹名声逐步增大，至清代中后叶，尤其是上海开埠后，经济繁荣，阳澄湖蟹名声大噪，逐步超过前两种名蟹。①

《申报》原名《申江新报》，是近代中国发行时间最久、具有广泛社会影响的报纸，1872年4月30日在上海创刊，1949年5月27日停刊，前后总计发行77年，共出版27000余期，出版时间之长，影响之广泛，被人称为研究中国近现代史的"百科全书"。

《申报》关于蟹的登载情况，能在一定程度上反映中国近代蟹文化的发展状况。以"蟹"为关键词，对《申报》数据库进行检索，发现从1872年至1948年，"蟹"字总共出现7530次。1910年前后，"蟹"字大量出现，1937年抗日战争全面爆发后，"蟹"字出现数量大幅减少（参见图2-2）。由此可知，晚清时期，上海的"蟹"文化还处于萌芽时期，进入民国后，"蟹"文化进入高速发展时期，抗日战争全面爆发使"蟹"文化发展受到重创。

---

① 王武，李应森，成永旭.蟹文化 [J].水产科技情报，2007，34（6）：265—266.

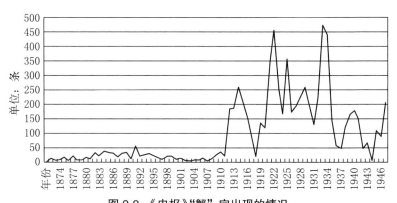

图 2-2 《申报》"蟹"字出现的情况

资料来源：《申报》数据库

阳澄湖位于江苏省南部，苏州市东北，是太湖下游的湖群之一。该湖南北长 17 千米，东西最大宽度 8 千米，面积 117 平方千米，蓄水量 3.7 亿立方米。明代著名画家沈周，在《其晚归阳城湖漫兴》诗中，写有"阳澄不可唾"，世人遂将其改称阳澄湖。① 人们通常按照一定规律对事物进行命名，事物的名称在某种程度上反映当时人们的认识。人们对某事物的认识越全面越深刻，其名称也越细致。其实，国人很早就认识到阳澄湖蟹的美味。1848 年（清道光二十八年）沈藻采编的《元和唯亭志》记载：河蟹"出阳澄湖者最大，壳青、脚红，名金爪蟹，重斤许，味最腴"。② 由于该著作是地方志，影响面不大，故对阳澄湖蟹的推广作用有限。《申报》首次出现"阳澄湖蟹"最早的记录，是在 1920 年 11 月 19 日《申报》第 11 版的《青年会消息两则》：

青年会交际科以现值菊花盛放之时，因订于本星期六〔即二十号〕晚六时半，在该会童子部餐堂，大开菊宴，四围陈列

---

① 徐秋明．阳澄湖蟹好［M］.江苏地方志，2011（5）：7—8.

② 邹国华，刘新中．阳澄湖蟹志［M］.海洋出版社，2012：21.

名菊数百盆，并由阳澄湖选购大蟹，佐以名肴……①

此处，特别点出"阳澄湖选购大蟹"，可见阳澄湖蟹那时已卓有名气，但是并未将"阳澄湖"与"蟹"连用，由此判断，阳澄湖地区的蟹冠以"阳澄湖蟹"之名估计在 1920 年前后。这也是阳澄湖蟹品牌初步确立之际。

阳澄湖盛产清水大闸蟹，个大体重、青背白肚、金毛黄爪、蟹黄肥厚、肉质白嫩，滋味鲜美而享誉海内外。章太炎的夫人汤国梨女士曾经写过这样的诗句："不是阳澄湖蟹好，此生何必住苏州"，她把人们对阳澄湖蟹的喜爱，淋漓尽致地表达出来。②20 世纪二三十年代，上海发展成为集航运、外贸、金融、工业、信息中心为一体的多功能经济中心。③正如越剧诞生于20 世纪初的浙江嵊州农村，却在上海都市环境中生根发芽，茁壮成长一样，阳澄湖蟹的名声在清朝中后叶逐步盖过花津蟹和胜芳蟹，亦得益于近代上海文化的影响。

（一）《申报》对阳澄湖蟹品牌的确立

《申报》中有不少赞美阳澄湖蟹的记载：

1925 年 11 月 1 日《申报》第 13 版，絜庐在《词蟹法》中写道：

水国秋深，莼花已老，无肠公子，堪荐盘餐，蟹之种类颇多，蚌蝤（俗名枪蟹）产于海中，蝤蛑产于湖田，而市上所售之大炸蟹，以产于苏州之阳澄湖为第一。……余尝购阳澄湖大蟹十余只，蓄诸缸中，缸中注水少许，再螯蛋白蛋黄七枚，揽

---

① 青年会消息两则［N］.申报，1920-11-19（11）.
② 徐秋明.阳澄湖蟹好［M］.江苏地方志，2011（5）：7—8.
③ 陈晔.承继、流变与创新：海派绘画与近代上海文化［J］.都市文化研究，2012（1）：257—272.

之使匀，伺蟹此缸中，阅一昼夜，烹而食之，则蟹膏蟹黄蟹油等物，尤觉鲜美无比，而蟹肉亦益为肥美可口矣。①

1933年10月25日《申报》第16版有篇近千字的文章，对蟹的种类、蟹的形态、蟹的食法等，进行十分详尽的介绍，在介绍蟹的种类时特别指出：

湖蟹以阳澄湖蟹，最称佳品，那种蟹，爪上的毛，闪闪似金，能够在红木台上爬行，所以叫做金爪阳澄蟹。②

1934年9月17日《申报》第14版的一篇专栏，指出"苏州的阳澄湖，是产蟹著名的"：

蟹是秋季当令的美味，与松江之鲈，一般的名驰江南。在蓼红芦白的湖畔，郭索横行，快人朵颐。苏州的阳澄湖，是产蟹著名的。那种蟹，爪上的毛，黄黄的透着金光，爪力很足，能够在广漆台上竖着横行，所以叫金爪阳澄。只可惜今年亢旱为灾，阳澄湖也干涸不少，当然要应响蟹的产量了。蟹除了捣姜沥醋，蒸食大嚼外，和着面粉煮食，或出着蟹肉。③

1945年6月25日《申报》第2版的《常熟见闻物产富饶》，对阳澄湖蟹进行十分详细介绍：

本邑可耕之田共计一百七十余万亩，其中水田占一百十万亩。故农产物以来为大宗，年产二百二十万石以上，东北乡沙

---

① 絮庐. 词蟹法 [N]. 申报, 1925-11-1（13）.

② 蟹话 [N]. 申报, 1933-10-25（16）.

③ 秋季的当令食品 [N]. 申报, 1934-9-17（14）.

地则盛产棉花，棉田四万五千余亩，年产八万余担，其中以产于常阴沙者为最佳，西乡一带，略有蚕桑之利，年出约四十余万斤。近江多湖荡，故水产极丰饶，人民有专恃网罟为生计者甚众。阳澄湖之蟹，黄衣荡之菱藕均为特产。①

（二）上海成为阳澄湖蟹主要销售地

上海是阳澄湖蟹的主要销售地，上海市场提升了阳澄湖蟹品牌。1924年8月26日《申报》第8版，钏影的《海上蜃楼》第九回里讲到去苏州昆山，吃阳澄湖蟹的故事：

这蟹的出产地距离上海相近的可也，有不少地方却以和昆山相近的，阳澄湖为最佳，其肉甘美，和别处不同。②

1931年9月6日《申报》第21版，郑逸梅的《清道人画以换蟹》讲到上海人专门去阳澄湖，品尝大闸蟹的故事，"乃特赴苏购阳澄湖金毛团脐蟹三大筐贻之"。

沪上闻人。近有曾李同门会之组织。并拟刊布曾李两先生之作品。以便流传。洵属一大佳事。偶忆清道人嗜蟹成癖。有李百蟹之号。时道人踽处海上。秋风劲。紫蟹初肥。欲快朵颐。苦于囊涩。无已。乃绘蟹百小幅。聊以解馋。蟹均染墨为之。不加色泽。然韵味酣足。神来之笔也。且加跋语。语颇隽趣。被其友冯秋白所睹。大为赏识。乃特赴苏购阳澄湖金毛团脐蟹三大筐贻之。用以换画。清道人得蟹欣然。竟割爱与以百幅。秋白遂榜其书室曰百蟹斋。以示珍异。闻秋白于去岁浮海而东

① 常熟见闻物产富饶［N］.申报，1945-6-25（2）.
② 钏影.海上蜃楼［N］.申报，1924-8-26（8）.

赴台湾。以营商业。此百蟹图未知曾挟往异域否。否则大可谋假之以付锓也。清道人固以书名者。画不过以余绪为之耳。曩岁心汉阁主人。与故书画名宿翁印若先生。于吴中护龙街某骨董肆见有清道人一联。印若亟称精品。心汉主人乃以五金易之。联为七言句。"高步正齐韩魏国。奇文何异蔡中郎"。①

1934年11月3日《申报》第16版，刊登颜波光的《蟹的种种》写道，最好的阳澄湖蟹都运至上海，在苏州反而吃不到真正的阳澄湖蟹：

光阴过得真快，一眨眼又到了丹枫染脂，黄菊破绽的时候。一般骚人词客，又要及时行乐，对菊持螯，秋老蟹肥，正是应时第一美味。

记得在苏州供职的时候，因为阳澄湖蟹，久已脍炙人口，每晚必命茶役购两只，一快朵颐。但总不能买到金爪黄毛的，相传阳澄湖蟹，比较其他产处有异，金爪黄毛，放在金漆桌上，悬腹疾爬，足部有力。

朋友告诉我，真正阳澄湖蟹，就是苏州人也吃不到的。它们都运销上海了，我暗暗的叹上海人口腹不浅！②

1936年10月22日《申报》第9版，《阳澄湖蟹亦丰年》中写到阳澄湖的大闸蟹，运销至上海、南京、苏州。其中有一处值得关注，南京为当时国民政府首都，但书写顺序时，上海却在其之前，由此可见，上海对阳澄湖蟹产业的重要性。

吴县深秋名产阳澄湖大蟹、产地为湘城区与唯亭区、往年

① 郑逸梅. 清道人画以换蟹 [N]. 申报, 1931-9-6 (21).
② 颜波光. 蟹的种种 [N]. 申报, 1934-11-3 (16).

的产二千担左右、以运销上海南京苏州为大宗、今秋阳澄蟹出产特涌、据阳澄湖中专捕湖蟹之二百余艘渔船上人言、今年至少可获三千担、现在产地大号湖蟹每担市价为四十元、次则三十五元至三十元。①

1938 年 10 月 17 日《申报》的第 11 版，刊登的荤菜价格表中就有阳澄湖蟹一栏，而且使用鲜蟹（指阳澄湖），说明阳澄湖蟹已进入寻常百姓家，在上海水产市场上销售。

（荤菜）鲜猪肉每元二觔、鲜鸡每觔（同"斤"）八角、鲜鸭每觔自一元八角起至一元三四角、鲜蟹（指阳澄湖）大者每只八角、小者二三角不等、鲜鱼鲜虾、不易多见、即有少数鱼贩、亦奇货可居、每条三寸长之鲫鱼、竟售大洋三角、而咸肉咸鱼之类、比较战前更售价加倍。（素菜）青菜每觔六分、白菜六七分、菠菜一角二分、草头（即金花菜）一角二分、韭菜五分、荠菜一角三四分、黄豆芽六分、绿豆芽五分、发芽豆六分、黄瓜每条二三分、冬瓜每觔七八分、秦芹每觔五分，咸菜每觔一角分。②

1948 年 11 月 21 日《申报》的第 6 版，刊登的陈诒先的《酒话》有吃阳澄湖蟹的内容。当时的上海文人将去阳澄湖吃河蟹，作为一种休闲方式：

日前有苏州友人来函、约去看天平红叶，吃阳澄湖蟹，余以苏州无好酒，竟鼓不起兴致。酒之魔力最大，有好酒之东道主人，虽其菜肴略差，亦欣然赴会。盖酒徒所法重者在酒，有

① 阳澄湖蟹亦丰年 [N].申报，1936-10-22（9）.
② 沪市菜价昂贵 [N].申报，1938-10-17（11）.

好酒，一盘发芽豆，一包油氽果肉，即可吃得满意。①

　　中国蟹文化进入隆盛时期，出现不少重量级的研究著作。沈嘉瑞、刘瑞玉的《我国的虾蟹》可谓其中的代表。

　　沈嘉瑞（1902—1975），字天福，浙江嘉兴人，中国科学院动物研究所研究员，甲壳动物学家，尤其是蟹类研究专家，早期代表作为《华北蟹类志》，之后又对黄海、东海、南海的蟹类作了系统考察和研究，介绍了几百种蟹类（其中包括一批新种），提出许多规律性见解，并使中国的螃蟹分类研究跻身世界先进行列。刘瑞玉（1922—2012），河北乐亭县人，中国科学院资深院士，海洋生物学和甲壳动物学家，1997年当选为中国科学院院士，对虾蟹等研究作出创造性贡献。他俩合作的《我国的虾蟹》初于1957年由中国青年出版社出版，1965年修改补充后由科学普及出版社再版，1976年增补后由科学出版社出版，成为一本科普畅销书。

　　《我国的虾蟹》共10万多字，其中涉及蟹类的为"虾蟹在动物界的地位"和"我国的蟹类"两部分，约占全书一小半篇幅，介绍了经济上重要而且常见的螃蟹种类、形态、特征、习性、分布、价值等。

　　这本书记述比较科学。此书根据调查、观察、实验、比较、发现，选择中国主要蟹类，一一给出科学说明。以往著述未及的，例如蟹的生长过程，这部书可谓填补了空白，指出河蟹生长要经过潘状幼体、大眼幼体、幼蟹和成蟹等阶段；以往著述提及过的，例如蟹的种类，七七八八加起来也不过数十种，此书予以拓展和深入，指出蟹类可划分为蛙蟹类、绵蟹类、尖口类和方口类四大类群，约有600种左右，而且抓住典型给以

　　① 陈诒先.酒话［N］.申报，1948-11-21（6）.

描述；对于某些不清楚或误解的现象，给出科学解释或澄清，例如：

河蟹虽然在淡水中生活成长，但却要到河口附近的浅海里去进行生殖。如宋朝傅肱所著的《蟹谱》中曾经提到："蟹至秋冬之交，即自江顺流而归诸海"，又说，"嗜欲已足，舍陂港而之江海。"以后，幼蟹再从浅海迁回内陆江河生活成长。这就是河蟹的生殖洄游和索饵洄游。(《河蟹》)

对索饵洄游，古籍记载不多；对生殖洄游，古人发现很早，自唐宋以来不断被提到，但对生殖洄游的原因却不知其所以然。或说"以朝其魁"，或说"输芒海神"等，种种解释比较牵强附会。而《我国的虾蟹》中的上述文字，就解开了长久以来令人困惑不解之谜：原来河蟹"要到河口附近的浅海里"去作"生殖洄游"。

《我国的虾蟹》的两位作者长期从事蟹类科学研究，专业造诣深厚，有许多开拓性成果，在这部书里厚积薄发、深入浅出，以简洁质朴的语言，通俗易懂地向读者叙述蟹学的种种知识。例如：

我国的江河、湖泊等内陆水体很多，东南两面环海，岸线漫长而曲折，有多种多样的海岸、滩涂和港湾，深度在200米以内的浅海，范围十分广阔，温度适中，自然条件优越，很适于甲壳类栖息和繁殖，所以虾蟹资源极为丰富。(《丰富的虾蟹资源》)

在洁净沙滩的高潮线上，有一种行动极为迅速的痕掌沙蟹，受惊后即遁入洞穴。它们的穴道不是垂直的。儿童们有种巧妙的方法捕捉它们，即以洞穴附近的干沙，灌入洞中，然后按干

沙的路线挖掘捉取。(《其他常见的蟹类》)

该书先从宏观层面展开，以精练、准确的语言，用地理事实，雄辩而扼要地讲清楚中国虾蟹资源如何丰富。再是从微观层面把沙蟹的穴居、行动、捕捉，三言两语、形象生动地描摹出来。读后使人感到作者观察精微、知识渊博、视野开阔、文笔简洁。

该书图文并茂，以图形象说明蟹类在节肢动物和甲壳动物中的地位，与贝类共栖的蟹类图 4 幅，蟹的内脏、躯体局部图等 9 幅，各种蟹图 45 幅，合计 58 幅，图文两相参照，相得益彰。此书所配蟹图达 58 幅之多，对一般读者而言可谓大开眼界。

《我国的虾蟹》作为一本薄薄的小册子，一本蟹类科普读物，1957—1976 年 20 年间 3 次出版，发行量达 10 多万册，说明科学的魅力和虾蟹知识的吸引力。①

进入 21 世纪后，随着物质生活的丰富和人民生活水平的提高，蟹文化蓬勃发展。在江苏昆山，甚至中小学和幼儿园都纷纷举办蟹文化活动。江苏省昆山市的正仪中心幼儿园，挖掘地方特色，积极开展蟹文化活动。在幼儿美术教育中，幼儿想象力和创造力的开发日益受到重视，尤其是美术教育涉及绘画、手工等，都需要开发内容，提高活动的趣味性。正仪中心幼儿园挖掘蟹文化内涵，在美工区角里，让幼儿观察蟹壳并在上面绘画，或者运用蟹壳进行多种形式的装饰制作。经过一定指导，在此基础上进行想象添画，往往能产生一件别致的工艺品。有孩子在蟹壳上粘上鼻子、眼睛、嘴，使蟹壳变成一张笑脸；有孩子在蟹壳周围粘上花瓣，创作出一位公主。昆山的孩子们，

---

① 钱仓水.说蟹［M］.上海：上海文化出版社，2007：336—340.

对螃蟹很熟悉，有些自己家里就养殖螃蟹，幼儿园利用这一优势开发蟹文化美术课，通过教师指导和家长帮助，使孩子们在了解蟹故事、蟹文化的同时，提高了想象力和创造力。[①]

在江苏兴化市、辽宁盘锦市等地，都陆续建起蟹文化博物馆。兴化市是江苏省泰州市辖县级市，位于江苏省中部、长江三角洲北翼，地处江淮之间，里下河地腹地，是江苏省历史文化名城。为弘扬兴化河蟹文化，助力当地河蟹养殖业，在中国渔业协会河蟹分会的支持下，2011年秋由中共兴化市委市政府负责申报、江苏红膏大闸蟹有限公司负责承建的兴化河蟹博物馆建成并对外开放。该馆位于江苏红膏大闸蟹有限公司泓膏生态园内，建筑面积500多平方米，共17个板块，通过图片、实物、影像、音乐、动漫等手段，对螃蟹分类及其生物特性、养

图 2-3　中国盘锦河蟹博物馆

　① 彭丽萍.不到庐山辜负目，不食螃蟹辜负腹——潜谈蟹文化在幼儿园美术活动中的利用［J］.读与写（教育教学刊），2018，15（8）：226.

殖与加工饮食、蟹文化、蟹产业等进行介绍，展示"中国河蟹养殖第一县（市）"的风采。兴化河蟹博物馆，是民营企业创建的行业博物馆，为构建现代公共文化服务体系中增添了一抹亮色。①

盘锦市是辽宁省下辖地级市，位于辽宁省中南部，地处辽河三角洲中心地带，是辽河入海口城市；地势地貌特征是由北向南逐渐倾斜，北高南低；地处北温带，属暖温带大陆性半湿润季风气候；辖一县三区；2018 年末全市常住人口 143.9 万人，总面积 4102.9 平方公里。中国盘锦河蟹博物馆，是中国北方面积较大、馆藏文物较多、历史跨度较长、展示手段领先的专业性博物馆，位于盘山县胡家镇河蟹批发市场附近。博物馆建筑面积 729 平方米，借助声、光、电等科技手段，以文字、图片、实物等形式生动地展示河蟹的历史传说、产业文化以及发展前景等内容。展厅共分为"蟹情""蟹缘""蟹魂""蟹韵""蟹城"5 个部分。

中国盘锦河蟹博物馆，成为中国北方地区传承河蟹文化的重要基地，与附近的"胡家天下第一河蟹市场"相辅相成。该市场是中国北方著名的河蟹交易集散地，每年接纳全国各地客商 10 万多人次，河蟹年交易量 4 万吨，年交易额 24 亿元；是全国卓有影响的河蟹加工出口基地，河蟹年加工量 1 万吨，河蟹年出口量 2000 吨，年增加出口创汇 1000 万美元，年出口量和出口创汇额居全国之首。中国盘锦河蟹博物馆与胡家天下第一河蟹市场相依相伴、互惠互利，共同诉说着河蟹文化与产业发展。

上海海洋大学蟹文化节，2007—2018 年连续 12 年举办全国河蟹大赛。参赛单位由最初的 18 家发展到 2018 年的近 70 家，

---

① 陆德洛.江苏兴化蟹文化暨河蟹博物馆建设运营略论［J］.新西部，2017（28）：55—57.

参赛企业来自上海、江苏、安徽、浙江、江西、山东、河南、湖北、湖南、台湾等不同省份、地区。该项赛事不仅成为各地河蟹养殖户交流切磋的赛台,而且成为河蟹产业大协作的平台。河蟹大赛得到沪上老百姓和养殖户的高度肯定。"为老百姓找好蟹,为养蟹人找市场",是上海海洋大学蟹文化节的宗旨。2018年11月13日,上海海洋大学第十二届蟹文化节暨2018"王宝和杯"全国河蟹大赛举办。此次比赛由上海海洋大学与上海王宝和大酒店有限公司第7次联合举办。来自上海、江苏、安徽、浙江、湖北、江西、山东、河南、台湾等地约60家单位选送的1400余只河蟹角逐全国河蟹产业界一年一度的"奥斯卡奖"。2018年夺得"蟹王""蟹后"称号的分别为:来自上海市瑞华实业有限公司的"蟹王"重达406.9克;来自常州市金坛永强水产有限公司的"蟹后"重达349.5克。①

图 2-4　上海海洋大学第十二届蟹文化节暨 2018 年
"王宝和杯"全国河蟹大赛

① 蔡霞.上海海洋大学第十二届蟹文化节暨 2018 年"王宝和杯"全国河蟹大赛举行[EB/OL].(2018-11-14)[2019-9-17],https://www.shou.edu.cn/2018/1114/c790a233514/page.htm.

第二节 蟹文化的历史演进与 经济社会发展的关系

蟹文化萌芽于魏晋南北朝，发展于唐，兴盛于宋，元代短暂衰落后，至明清逐步恢复，臻于成熟，民国尤其是 21 世纪以后逐步进入隆盛期。任何文化的发展都离不开经济的支持，蟹文化的发展与封建时期中国南方经济崛起以及城市经济发展脉络具有高度关联性。

一、魏晋南北朝的社会风气催生了蟹文化

魏晋南北朝时期是中国历史上战乱频发、政局动荡、混乱离散的年代，北方经济遭到严重破坏，但也经历了如北方北魏、南方东晋的局部统一稳定的时期，推行的新生产制度使经济得到一定程度恢复。南方地区战乱较少，经济获得长足进步，已经开始呈现出与北方并驾齐驱的趋势。南北经济的恢复和发展，为蟹文化的发展提供了现实的物质基础，社会财富在贵族阶级中得到积累。同时，魏晋南北朝时期，政治黑暗，士族大夫追求心灵上的洒脱与自在，不羁于世俗礼法，而河蟹因其外形与内在的反差特点被士族大夫视为反抗精神的载体，由此催生了蟹文化的萌芽。

二、隋唐经济中心南移为蟹文化发展奠定基础

隋唐的统一结束了长达 400 年的战乱，使经济得到迅速发展。前期，经济中心长居北方，安史之乱后，经济中心南移，南方经济发展逐渐超过北方地区。唐代中心经济区域变动以及经济发展，使相当一部分人获得更多闲暇时间，且因社会财富积累而拥有文化消费能力。河蟹当时又大多产自江南地区，经

济与自然条件的双重优势直接促进了蟹文化的发展，咏蟹诗一时兴起。如杜牧"越浦黄柑嫩，吴溪紫蟹肥"、丘丹"江南季冬月，红蟹大如。湖水龙为镜，炉峰气作烟"、陆龟蒙"相逢便倚蒹葭泊，更唱菱歌擘蟹螯"等。这些诗句均描写了江南各地各种与蟹有关的生活场景。

三、宋代的经济繁荣蟹文化走入寻常百姓家

宋代，经济中心转移完成，南方经济蓬勃发展。根据当代经济历史学数据考证和分析专家安格斯·麦迪森关于中国古代经济总量的研究可以看出中国古代经济长期的走向（图2-5）。400年即北魏东晋时，中国的人均GDP基本没有出现明显增长，至1000年左右即咸平之治时期，中国人均GDP开始上升，并持续了3个多世纪。这一时期，社会物质生活安定，各阶层人民生活较为充实。随着生活水平的提高，蟹文化也走入寻常百姓家。这是宋代诗人创作大量论蟹诗的内因所在。蟹文化的普及也带来了文化内涵的延展，文化被社会普遍接受，才能得到传承和发展。

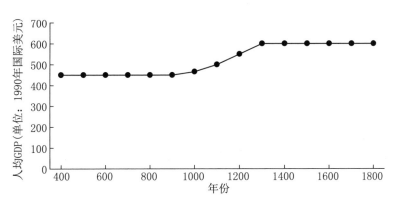

图2-5　麦迪森关于中国400—1820年人均GDP水平的统计

四、元代战乱与文人避世带来的蟹文化衰落

宋代是中国古代经济发展的一个高峰时期，社会较为稳

定，人民生活水平和生活质量相对有所发展。在这一阶段蟹文化逐渐发展成为雅俗共享的文化习俗，文化内涵得到丰富，形成了生命力。而到元代，汉人文士不受重视，几乎到"十儒九丐"的地步，科举进士仅为宋代的 2.61%，而抵抗蒙古最激烈、后来地位最低的江南地区的文人更是举步维艰。由此，曾经在江南地区盛行的蟹文化自然受到影响，文人消极避世，再加上蒙古贵族对汉族平民财富的掠夺，导致了蟹文化的短暂衰落。

五、明清时期商品经济与社会变迁推动蟹文化成熟

明清时期，商品经济的发展水平超越以往历史朝代，封建经济达到顶峰。在商品经济的冲击下，人们的思想观念、社会习俗、生活方式、消费内容都发生重大变化。从明清时期食蟹工具的不断精细和复杂化中可以看出，贵族阶层的生活由俭变奢，消费标准也越来越高。蟹和食蟹工具并非维持生存所需的必需品，但生活水平的提高和财富的聚集促进了地主阶级对这种非必需品的消费和需求。《红楼梦》中描写的贾府食蟹的整套流程和细节就可以看出，食蟹文化在当时社会已经非常精致和成熟。

人口，构成中国古代城市经济的核心生产力。人口数量和结构在一定程度上反映了城市经济发展水平。人口的迁徙和结构变化给明清蟹文化的发展造成了很大影响。

食蟹者和与蟹相关的文学艺术作品的创作者，在古代多为以士人阶层为代表的古代社会精英阶层。明初朱元璋定都南京，大批达官显贵涌入金陵城，到洪武末年，南京总人口 70 万，其中文武官吏约 72000 人，国子监大学生 8000—9000 人，彼时花津蟹达到最盛时期。其后，明代中叶开始，苏州逐渐发展成为全国最大的交易市场和最繁华的城市，《红楼梦》这部文学

巨著的开头就是从苏州阊门写起，林黛玉正来自于此。"这东南一隅有处曰姑苏，有城曰阊门，最是红尘中一二等的风流富贵之地。"曹雪芹用一句话道出当时姑苏的繁荣之景。苏州富绅人数不断增多，再加上古都金陵附近的古丹阳大泽干涸而吴地河网密布、湖泊众多，中国的食蟹中心逐渐转移到苏州。吴地精致的饮食文化促使吴人不断追求更好的蟹味，由此品状优良、口感极佳的蟹品逐渐受到吴人青睐，如名满吴地的紫须蟹、蔚迟蟹、潭塘蟹和阳澄湖大闸蟹。这些名蟹多次被记录于当地县志。

1851 年开始的太平天国运动是中国历史上最后一次大规模的农民运动。这场运动席卷了富庶的江南地区[①]，苏州因为受到战乱影响，人口由 1831 年的 340 万下降到 1865 年的 129 万，原有居民由 81 万骤减到 20 万，大批社会精英和富裕阶层逃往邻近的上海，苏州从此一蹶不振，再也无法赶超上海。上海则自 1843 年开埠而逐渐发展成为东方第一大都市。太平天国运动不仅在经济上让苏州的富庶与繁华随风而逝，在文化上也让苏州的极致与优雅亦如梦幻泡影般消失。蟹文化作为江南地区的独特文化也在这一时期受到波及。不过，蟹文化因此踏上更加广阔的舞台，经上海传播到香港和海外。在日本，河蟹也被称为"上海蟹"，从侧面体现了上海对河蟹推广所做的贡献。

六、20 世纪初迄今蟹文化获得快速发展

在 20 世纪 20 年代左右上海成为海内外闻名遐迩的大都市，经济得到快速发展蟹文化也隆盛一时。每年金秋时节，《申报》

---

① 李伯重.简论"江南地区"的界定 [J].中国社会经济史研究，1991（01）：100—105+107.

等各种媒体都充斥阳澄湖（也有谓羊肠湖、洋澄蟹、阳城湖蟹、阳澄湖清水大蟹的）的广告。由于阳澄湖蟹好，那时冒名者就不少。天笑在《阳澄湖蟹》一文中写道，"渔夫吸了一管旱烟，叹一口气道：'现在这块阳澄湖，出蟹已经很少，将来只怕要断种了。'""现在如常熟、吴江、无锡等，每年的产量也不少，谁能辨得出真阳澄与假阳澄呢。"不幸的是，八一三事变后，日本侵华军的铁蹄摧毁了上海的繁荣，蟹文化遭受断崖式重创。1945年以后，蟹文化渐有恢复，但至上海解放大抵未能恢复到20年代左右的水平。

新中国成立以后，蟹文化获得快速发展。对河蟹形态学、生活史等取得系列生物学进展。对河蟹产卵场进行了调查研究，摸清了河蟹产卵场一般位于河口区域淡水与海水交汇的弧形带。20世纪50—80年代，主要是捕捞天然河蟹，或者是从河口采集蟹苗养蟹。随着20世纪70年代河蟹人工育苗取得突破并逐渐成熟后，河蟹逐渐进入通过人工育苗进行养殖的发展阶段。进入21世纪，随着经济社会发展水平的提高和人们可支配收入的增长，河蟹养殖进入快速发展阶段，很快发展出河蟹生态养殖、稻蟹种养等发展模式。全国各地涌现出阳澄湖大闸蟹、太湖大闸蟹、固城湖大闸蟹、崇明清水蟹等著名品牌，以及上海、江苏昆山、安徽当涂等地举办的各种蟹文化节庆活动。

综上所述，可以发现蟹文化与经济发展相互依存、相辅相成。一方面，经济是基础，为蟹文化的发展奠定物质条件，蟹文化的发展受到物质文明发展水平的制约；另一方面，一定的社会文化反映着一定社会的经济发展状况，蟹文化的发展反映了当时经济的发展。但是，不可否认，古代蟹文化的形成与发展主要还是依靠传统士绅贵族和文人墨客，普通老百姓对食蟹的追求往往仅停留在满足口腹之欲的层面。

第三节　现代蟹文化发展的经济因素

根据蟹文化和经济发展的历史特点可知，蟹文化是推动蟹产业发展和市场革新的内在动力，而蟹文化的发展反过来也会推动经济的发展。1978 年，中国拉开改革开放的序幕。40 多年来，中国在社会经济、物质文化、消费理念等各个方面发生了翻天覆地的变化，对文化竞争力的认识越来越强。进入新时代，中国传统文化正在新兴文化和外来文化的影响下不断融合、创新与发展。蟹文化作为渔文化的重要分支，此时更应紧跟快速发展的河蟹产业的步伐，实现以蟹文化带动蟹经济，蟹经济反哺蟹文化的良性发展轨迹。

一、经济持续增长扩大了蟹文化受众群体

在古代，螃蟹食用麻烦，且为非必需消费品。在生产力和运输能力较为低下的年代，滨水野生野长的螃蟹产量不高，再加上高昂的运输成本高，使得河蟹在繁华都市价格较高，螃蟹的消费主体多为士绅贵族，因此，基于闲情雅致的蟹文化主要在士人小圈子散播。由图 2-6 可知，1978—2020 年中国国内生产总值不断提升，由 1978 年的 3678.7 亿元增加到 2020 年的 1015986.2 亿元，增加了约 276 倍。这期间，中国社会经济发生天翻地覆的变化，人民生活实现了由贫穷到温饱、由温饱到总体小康的历史性跨越。随着人们收入水平的不断提高，居民的消费能力也在不断提高。由图 2-7 可知居民消费水平由 1978 年的 271 元增加到 2020 年的 27438 元，增加了约 101 倍。随着人们收入水平的不断提高，居民的消费能力也在不断提高。居民生活水平不断提高，收入持续快速增长，消费结构继续改善，消费质量明显提高，城乡居民开始从基本的吃穿型消费向文化

享受型消费倾斜。当今河蟹产量不仅能够满足人们的基本消费需求，而且河蟹价格也使老百姓能够负担得起。从消费能力和消费结构角度来看，新时代的人们对河蟹的食品安全、风味以及品质提出了更高要求，由过去追求"吃大蟹"消费向"吃鲜蟹""吃好蟹"转变。[①] 伴随着中国经济的持续发展，人们对河蟹的需求有望继续上涨，河蟹产业有望持续发展。

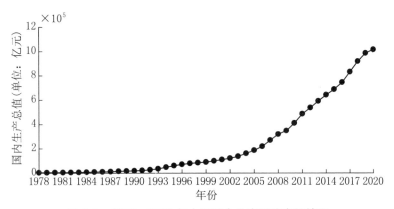

图 2-6 1978—2020 年中国国内生产总值变化情况

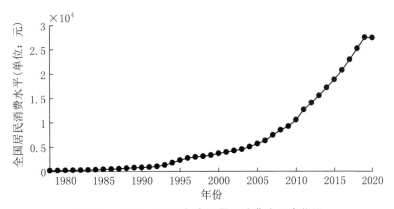

图 2-7 1978—2020 年中国居民消费水平变化图

① 陈晔，宁波.上海崇明大闸蟹养殖历史与文化［J］.上海农村经济，2017（12）：20—21.

二、生产力进步与生产关系的变革提升了蟹文化体验

河蟹作为生鲜产品，不易存储，易腐败变质。在古代，只有部分地区人们能享受到河蟹美味，因此自然隔离形成地方特色鲜明的区域饮食文化。在唐代还有河北白洋淀的河蟹文化兴隆一时，而到明以后河蟹文化逐渐成为江南地区的特色文化。即便万千文人骚客留下了许多称赞螃蟹的诗词文章，由于受地域限制和交通工具的落后，大多数人并不能身临其境感受河蟹美味，品味其文化内涵。简而言之，在古代大多数时期，百姓没有足够的社会财富和闲暇时间品味蟹文化。随着中国经济发展和体验式经济热潮的涌起，大众拥有了更多社会财富。此外，生产力进步和生产关系的变革，降低了蟹文化消费成本，再加上电子商务的兴起和食品冷链技术的快速发展，人们通过电脑和手机下单就可以在家中吃到千里之外出产的新鲜河蟹。与古代各个时期蟹文化的消费区域相比，如今的蟹文化消费区域空前扩大，这些都成为新的蟹文化兴起的诱因。螃蟹作为蟹文化的物质载体，也使得越来越多的人能够切身感受到古人对蟹文化的喜爱。

三、产品营销现代化促进了蟹文化普及

在古代，产品营销渠道单一，主要通过文字、语言、实物或者人际交往进行。蟹文化作为小众文化的一种，主要依靠文人墨客手笔相传或依靠多年形成的习俗代代相承，传播范围和影响力都受到极大限制。随着互联网技术的蓬勃发展，新的产品营销与传播方式不断涌现，微博、微信公众号、抖音、快手等传播媒介不断推出，一篇有影响力的文章、一段短至十几秒的视频都能在极短时间内快速传遍全国，甚至全球。蟹文化爱好者和生产厂商利用大众媒介和新媒体力量，不断向社会宣传

河蟹产品、蟹食、蟹宴、蟹文化，介绍河蟹的营养价值，使大众从思想上真正认同和理解了中国蟹文化的悠久历史和深厚底蕴，使河蟹产品更为广大消费者青睐。

进入现代社会，蟹文化随着经济发展得到快速传播，蟹文化真正覆盖大江南北，甚至走向海外。文化发展的同时又反哺经济，以致形成"蟹文化经济"。市场经济时代，蟹文化与经济交融，文化消费意识日益凸显。如今人们食蟹时或许不再睹物思情，抒发对人生际遇的慨叹，但蟹文化的传播使得食蟹成为中华文化的一种独特饮食文化，并得到传承和发展。蟹文化也随着现代商品社会的发展走向更加普及化与大众化。

第三章 文学中的蟹文化

第一节 诗歌中的蟹文化

中国是一个诗的国度，男女老少都会吟几句唐诗宋词。天空大地、山川河流等各种事物，莫不成为文人骚客笔下的诗句。河蟹虽然微不足道，但因为长相奇特，味道鲜美，古往今来也屡屡成为诗词歌赋里描述的对象。尤其是唐代之后，咏蟹诗进入一个创作高潮①。

中国蟹文化历史悠久，蟹诗数量蔚为壮观。在《全唐诗》中，就收录了众多著名诗人的河蟹诗作，有趣的是在中下层诗人中间却鲜有提及蟹的。诗是生活的缩影。这说明中上层诗人，或许有更多机会接触和了解蟹文化。蟹诗在唐代也有个历史发展过程。从初唐到盛唐，蟹诗还比较少；到了中晚唐之后，蟹诗就多了起来。从蟹诗的发展看，初盛唐时政治经济中心以长安为主，人们很少有机会吃蟹品蟹，蟹诗自然不多；安史之乱之后，一些人为避战乱进入江南，接触了江南的社会经济和民风民俗，江南逐渐成为中国经济文化的中心，谈蟹论蟹的诗篇就多了起来。如杜牧有"越浦黄柑嫩，吴溪紫蟹肥"；张志和所作《渔父》词第四首，"松江蟹舍主人欢，菰饭莼羹亦共餐。枫叶落，荻花干，醉宿渔舟不觉寒"；丘丹的"江南季冬月，红蟹大如螾。湖水龙为镜，炉峰气作烟"；陆龟蒙"相逢便倚蒹葭泊，更唱菱歌擘蟹螯"等。这些诗歌描写的都是江南与蟹有关

---

① 钱仓水.说蟹［M］.上海：上海文化出版社，2007：204.

的生活体验 ①。以下分述几例：

一、李白《月下独酌四首》

人皆知李白嗜酒，其实李白也嗜蟹成瘾。其《月下独酌四首》其四写道：

穷愁千万端，美酒三百杯。愁多酒虽少，酒倾愁不来。所以知酒圣，酒酣心自开。辞粟卧首阳，屡空饥颜回。当代不乐饮，虚名安用哉。蟹螯即金液，糟丘是蓬莱。且须饮美酒，乘月醉高台。

在这首诗中，诗人用毕卓饮酒品蟹的典故，表达了"蟹螯即金液，糟丘是蓬莱"的畅快淋漓之意。在这里，蟹螯成了诗人理想生活的现实符号。

二、朱贞白《咏蟹》

南唐诗人朱贞白，在南唐将领陈德诚的一次宴请上，曾即蟹赋诗：

蝉眼龟形脚似蛛，未尝正面向人趋；如今钉在盘筵上，得似江湖乱走无？

这首诗形象地描绘了河蟹形态，说其眼睛如蝉一般，体形像龟一样，八条细腿如蜘蛛，在人面前都是侧着爬行；现在一只只煮熟了放在盘子上，还能在江湖上横行霸道吗？这首诗写

① 刘浔，赖晓君.从唐宋论蟹诗歌看宋代蟹文化审美趋向［J］.美食研究，2019，36（02）：18—22.

得栩栩如生，诙谐有趣，表达了主人御敌治乱的功绩。后来，河蟹也常用来比喻为非作歹之徒。① 民国时期，人们常称束手就擒的市井流氓为"大扎蟹"。

三、刘攽《蟹》

宋代诗人刘攽，临川新喻（今江西新余）人，有《蟹》诗云：

稻熟水波老，霜螯已上簪。味尤堪荐酒，香美最宜橙。壳薄胭脂染，膏腴琥珀凝。情知烹大鼎，何以莫横行。

这首诗写的是岁在霜降、稻熟橙黄之际，人们用罾网捞起螃蟹烹食。作者认为用美酒和香橙伴食味道才最佳。那煮熟的薄薄的蟹壳如用胭脂染过，丰腴的蟹膏就像是由琥珀凝结而成。作者最后讽喻道，早知道会被放到大锅里煮，为什么不想办法别如此这般横行了呢。②

四、苏轼的蟹诗

北宋的苏轼，堪称蟹文化大家③。他不仅喜欢烹蟹、吃蟹，而且喜欢写蟹、画蟹。《东坡志林》卷八载："近年始能不杀猪羊，然性嗜蟹蛤，故不免杀。"苏轼有不少诗作写蟹，举例如下：

红叶黄花秋正乱，白鱼紫蟹君须忆。（《台头寺雨中送李邦直赴史馆分韵得忆字人字兼寄孙巨源二首》）

---

①② 钱仓水.说蟹［M］.上海：上海文化出版社，2007：209—211.
③ 钱仓水.中国蟹史［M］.桂林：广西师范大学出版社，2019：329.

紫蟹鲈鱼贱如土，得钱相付何曾数。(《泛舟城南会者五人分韵赋诗得"人皆苦炎"字四首》)

紫蟹应已肥，白酒谁能劝。(《和穆父新凉》)

苏轼不仅嗜蟹、写蟹，对蟹的生物习性也颇有了解。《格物粗谈》卷上曾载"落蟹怕雾"，是目前有关螃蟹怕雾的最早文字记录。苏轼还是位美食家，留下了"东坡酱蟹"这道美味。

五、黄庭坚的咏蟹诗

北宋诗人黄庭坚，也是位螃蟹美食家。他感慨，"每恨腹未厌，夸谈齿生津"，一生创作了十多首蟹诗，如"趋跄虽入笑，风味极可人"，"饭香猎户分熊白，酒熟渔家擘蟹黄"，"不比二螯风味好，那堪把酒对西山"。兹介绍他《秋冬之间鄂渚绝市无蟹今日偶得数枚吐沫相濡乃可悯笑戏成小诗三首》：

怒目横行与虎争，寒沙奔火祸胎成；虽为天上三辰次，未免人间五鼎烹。

这第一首诗是写螃蟹怒目横行、敢与虎争，却因在寒沙中趋火而酿祸根，虽然身为天上星宿之一，却也免不了在人间被放在大锅里烹食。

勃窣蹒跚任涉波，草泥出没尚横戈；也知觳觫元无罪，奈此樽前风味何。

这第二首诗写螃蟹倏忽从洞里钻出来，在水波中蹒跚跋涉，善于横着大钳子出没于草泥之间，一旦被捉则恐惧颤抖，虽然无罪，奈何还是因为好风味而逃不了被烹煮佐酒的命运。

解缚华堂一座倾，忍堪支解见姜橙；东归却为鲈鱼鲙，未敢知言许季鹰。

这第三首诗写在华丽的厅堂里，红彤彤的螃蟹被解开时令举座倾倒，人们佐以姜橙拆解螃蟹大快朵颐。末句笔锋一转，说晋代的张季鹰因莼鲈之思而辞官东归，言下之意这螃蟹比莼鲈还要美味啊！

六、徐似道《游庐山得蟹》

宋代的徐似道，嗜蟹成性，他在《游庐山得蟹》一诗中留下了"不到庐山辜负目，不食螃蟹辜负腹"的千古名句：

不到庐山辜负目，不食螃蟹辜负腹。亦知二者古难并，到得九江吾事足。庐山偃蹇坐吾前，螃蟹郭索来酒边。持螯把酒与山对，世无此乐三百年。时人爱画陶靖节，菊绕东篱手亲折。何如更画我持螯，共对庐山作三绝。

七、岳珂《螃蟹》

南宋文学家岳珂，为岳飞之孙，爱吃蟹，曾说："九江霜蟹比他处壮，膏凝溢，名冠食谱"，作有《螃蟹》诗：

无肠公子郭索君，横行湖海剑戟群。紫髯绿壳琥珀髓，以不负腹夸将军。酒船拍浮老子惯，咀嚼两螯仍把玩。庐山对此眼倍青，愿从公子醉复醒。

在以蟹赠友时，岳珂还题诗曰：

君不见东来海蟹夸江阴，肌如白玉黄如金。又不见西来湖蟹到沔鄂，玉软金流不堪斫。九江九月秋风高，霜前突兀瞻两螯，昆吾欲割不受刀，颇有苌碧流玄膏。平生尊前厌此味，更看康庐拂空翠。今年此曹殊未来，使我对酒空悠哉。旧传骚人练奇句，无蟹无山两孤负。老来政欠两眼青，那复前筹虚借箸。只今乡国已骏奔，军将日高应打门。流涎便作面车梦，半席又拟钟山分。先生家住岷峨脚，屡放清游仍大嚼。襟期尽醉何日同，试筮太玄呼郭索。

八、马祖常《宋徽宗画蟹》

元代诗人马祖常，曾以蟹讽喻宋徽宗赵佶，著有《宋徽宗画蟹》一诗：

秋橙黄后洞庭霜，郭索横行自有匡。十里女真鸣铁骑，宫中长昼画无肠。

这首诗写的是入秋后橙子黄了，洞庭湖畔凝结了寒霜，身披胸甲的螃蟹郭索横行。绵延十里的女真铁骑呼啸南下，宋徽宗却在东京（今河南开封）的宫殿里不舍昼夜地画螃蟹。这首诗讽喻宋徽宗不爱江山爱丹青，终落得社稷凋敝、囚死他乡的命运。

九、陆游《糟蟹》

南宋爱国诗人陆游爱蟹，有不少蟹诗传世，如"尚无千里莼，敢觅镜湖蟹"，"村村作蟹椴，处处起鱼梁"，"轮囷新蟹黄欲满，磊落香橙绿堪摘"等。其《糟蟹》一诗曰：

旧交髯簿久相忘，公子相从独味长。醉死糟丘终不悔，看来端的是无肠。

这首诗说很久以前曾读过髯簿（吴越国功德判官毛胜所作《水族加恩簿》），如今已忘得差不多了，独因螃蟹美味还经常吃蟹。这螃蟹宁可醉死在酒糟里也不后悔，原来它们是无肠公子啊！这首诗多少在讽刺南宋将领缺少斗志，醉生梦死，消极抗金。

十、高启《赋得蟹送人之官》

明代高启是长洲（今江苏苏州）人，曾隐居吴淞，识蟹知蟹，写起蟹来得心应手。著有《赋得蟹送人之官》一诗：

吐沫乱珠流，无肠岂识愁。香宜橙实晚，肥过稻花秋。出籔来深浦，随灯聚远洲。郡斋初退食，可怕有监州。

这首诗写螃蟹口吐珠子般的泡沫汩汩而出，因为"无肠"不识愁滋味儿。当橙子长熟、稻花飘香的金秋，正是螃蟹最香最肥的时候。螃蟹爬过蟹籔来到入海口的深水区，经不住渔人灯光的诱惑聚集到远处的沙洲而被捕获。人们将螃蟹献给官衙却遭退回，因为担心监州在严密监察！

作者在本诗中用一个"聚"字，言蟹之多也，又用一个"退"字，一个"怕"字，暗喻明代严刑峻法似乎有点过于严苛了。

十一、王世贞《题蟹》

明代文学家王世贞，太仓（今属江苏）人，曾写过一首《题蟹》诗：

唼喋红蓼根，双螯利于手。横行能几时，终当堕人口。

这首诗描述螃蟹的双螯比手利索，钳断红蓼的根塞入口中大嚼。可是能霸道横行多久呢，终究会被烹食堕入人口。当时朝纲混乱，严嵩父子恣意妄为、民不聊生。诗人父亲也遭严嵩构陷而惨遭杀身之祸。这首诗以螃蟹暗指严嵩一类的丑恶势力，纵然骄横、跋扈、嚣张一时，但最终不会有什么好下场。

十二、徐渭《题画蟹》

明代徐渭，是绍兴府山阴（今浙江绍兴）人，爱蟹嗜蟹，既画蟹，也作题蟹诗。徐渭绘有一幅《黄甲图》，右上角有他的题诗：

兀然有物气豪粗，莫问年来珠有无；养就孤标人不识，时来黄甲独传胪。

这首题画诗描述螃蟹看似突兀有物、豪气冲天，莫问这些年来是否口吐珠玉（高启曾谓"吐沫似珠流"，口吐珠玉寓意学识满腹[1]）；生就一副"孤标"蠢笨的样貌，世人不以为然，待到身披黄甲之时偏偏时来运转、名扬天下。"黄甲"指煮熟的螃蟹，也喻指古代金榜题名的皇榜；"传胪"，原指会试二甲一名为传胪，殿试揭晓唱名时也称传胪。传胪与河蟹的雅称"传芦"谐音。徐渭《黄甲图》及其题画诗，借螃蟹粗鲁无知的形象，来嘲讽那些不学无术、胸无点墨，却因一时之好而金榜题名之

---

[1] 有学者指出，因该题画诗以草书写就，"莫问年来珠有无"中的"珠"系误读，当为草书"铢"字，言铢为钱也。其实，这里的"珠"字没有错，为口吐珠玉之"珠"，意谓真才实学。其意是螃蟹口吐泡泡，虽然"似珠流"，但毕竟只是泡泡，貌似饱学之士，实则腹内空空。

辈。可见，诗人不仅对没有真才实学的"黄甲"予以冷嘲热讽，而且讽刺昏庸的主考官仅凭一时之好开科取士。

徐渭另有一首《题蟹》诗写道：

稻熟江村蟹正肥，双螯如戟挺青泥；若教纸上翻身看，应见团团董卓脐。①

这首诗说在稻子熟了的时候，也正是江村螃蟹肥满之时，高举着戟一样的双螯挺立于青泥之上（好不威风）；可如果把它翻身放在纸上看的话，就可以看到如董卓肚脐一样的圆脐了。史载汉末奸雄董卓肥硕，肚脐大而深凹，后世将"董卓脐"代指脑满肠肥之辈。这首诗借螃蟹嘲讽昏庸无能的封建权贵。

十三、张士保《题画蟹》

清代画家张士保，掖县（今山东莱州）人，有《题画蟹》如下：

终日横行亦太痴，拖泥带水到何时？许多河鲤登龙去，问尔努睛知不知？

张士保的这首诗角度别致。他说螃蟹每天只知道横行霸道是不是太痴傻，拖泥带水到什么时候才能明白呢？君不见许多黄河鲤鱼逆流而上，跳跃龙门，化身成龙，你螃蟹瞪着眼睛究竟知不知道啊？诗人由"鲤鱼跳龙门"的故事想到螃蟹，深为螃蟹的迟钝而惋惜，不仅写得别开生面，而且饶有趣味。

---

① 兰殿君. 蟹文化趣谈［J］. 书屋，2016（11）：69—71.

第二节　民歌中的蟹文化

民歌是一个地方久经传唱且富有地方色彩的民间歌曲。绝大部分民歌作者不详，通过一代代人口头传唱，传承至今。今天所谓民歌，主要是指采用民族唱法的歌曲，以民族乐器伴奏，以民间朴素纯粹的方式演唱的歌曲。

清乾隆至光绪年间，在北京及东北地区流行着一种叫作"子弟书"的满族曲艺。其中，有一首以"满汉兼"（即满语和汉语两种文字）写成的《螃蟹段儿》（有一变体作《拿螃蟹》）颇为脍炙人口。这首民歌说得是一个屯居的汉族姑娘，嫁给了一个满族小伙子，由于连遭荒旱而搬到城里讨生计，由此引发得一段故事。有一天，朴实的小伙子在集市上看到一种好生奇怪的东西，饶有兴致地买了带回家。可是，这奇怪的东西他俩见所未见闻所未闻，于是小两口儿活生生闹出一幕生活喜剧，字里行间把螃蟹刻画得别有生趣。《螃蟹段儿》的主要内容介绍如下：

跌婆见螃蟹，便惊问："哎呀，这可是什么东西？"但见它，"圆古伦的身子团又扁，无有脑袋，又无尾巴；你看这啐吐沫的猴儿真古怪，又不知该杀的叫什么？"

螃蟹放在盆子里，小夫妻正讲着话，不想螃蟹爬了出来，跌婆眼尖，一急，挽起袖子就去抓，这可好，手被螃蟹的大钳夹住，"娘的猴儿把我好夹""越拉越严疼得更紧"，她被夹得涕泪交流，信着嘴"村的拉的"骂起来。此时，夫妻一齐动手，你用钵打他用刀扎，你脱布衫去握，他摘凉帽去扣，一直折腾得头上冒热气，脸上汗拉拉才拿住，放进锅里。

螃蟹被拢到锅里后，加水，"酱棚盖来又着瓦盆扣，搬块石头搁在上面压",就此烧起来。煮了多时,揭开一看,这趺婆又傻了眼:"这宗鱼,实实的真有趣,叫人真真的稀罕杀;活的发青如靛染,煮得通红似朱砂。"

这对小夫妻从没吃过螃蟹,以为煮熟了就可以直接用筷子夹着往嘴里送,"急急忙忙拿筷子夹,左一筷子,右一筷子,夹也夹不住,骂到'怪物东西,怎么这样滑!'撂下筷子堵口气,衫袖挽袖撩衣用手抓。抓一个咬一口:'亲妈呀,猴儿好杠呀!但只光骨秃,哪里有肉?挺帮子老硬叫我怎么嚼他?'"

折腾半天,到嘴的东西又不会吃,趺婆沉不住气,就骂她的丈夫:"活王八!这样无用的东西拿钱买,可惜钱财无故的花。蒸又蒸不熟,煮又煮不烂,把你的妈妈活活急躁杀。"夫妻因而红脸。后经邻妇相教,去脐子,掀盖子,去草牙,掰开吃到黄儿,此时,趺婆心中乐,脸上笑,说:"亲丈夫,再去买,千万的莫惜钱。"

这首《螃蟹段儿》用戏剧性的夸张手法,把人们第一次吃螃蟹的所见所知所感淋漓尽致地展现出来了。这段民歌塑造了一个直率、伶俐、敢说、敢言的女主人公,通过她诙谐有趣的反应,描述了这段民歌真正的主角——螃蟹的生物学特点及其难以忘怀的美味。

由于螃蟹的特点,还成为儿歌的创作元素,承担起启蒙教育的功能。有两首现代咏蟹儿歌,广为传唱。第一首是流传于长三角一带的《可怜的小螃蟹》:

妈妈要外出,嘱咐孩子关好门,有人叫门,不能开。
狼来了,先敲小兔的门,唱:
"小兔儿乖乖,把门儿开开,
快点儿开开,我要进来!"

小兔记住了妈妈的话，唱：

"不开不开不能开，

妈妈不回来，谁也不能开！"

狼又敲小羊的门，唱：

"小羊儿乖乖，把门儿开开，

快点儿开开，我要进来！"

小羊记住了妈妈的话，唱：

"不开不开不能开，

妈妈不回来，谁也不能开！"

狼最后去敲小螃蟹的门，唱：

"小螃蟹乖乖，把门儿开开，

快点儿开开，我要进来！"

小螃蟹忘记了妈妈的话，答应：

"就开就开我就开！"门一开，狼"阿呜"，把小螃蟹吃了。

于是，小兔、小羊合唱：

"可怜小螃蟹，从此不回来！"

这首儿歌便于记忆，宜于传唱，寓教于乐，教孩子们提高警惕、防范坏人。小兔、小羊都是讨人喜欢的小动物，而长江下游地区多产螃蟹，因其习性成了这首儿歌当中的受害者。大家对小螃蟹的遭遇深表同情，"可怜小螃蟹，从此不回来"。

另一首是四川儿歌《螃蟹歌》：

螃呀么螃蟹哥，

八呀么八只脚，

两只哟大夹夹，

一个硬壳壳。

横着是横着是横上坡
直着是直着是直下河，
那天从你门前过，
夹住了我的脚。

夹呀么夹得紧又紧，
甩呀么甩不脱，
求求你螃蟹哥，
放放我的脚。
求求你螃蟹哥，
放放我的脚。

　　这首儿歌，在趣味盎然的传唱中，介绍了螃蟹的生活习性，尤其对螃蟹"夹住了我的脚"做了生动描绘，提醒孩子们螃蟹会夹人。

第三节　散文中的蟹文化

　　在先秦诸子和唐代以前的散文里，蟹已经被提及，然而以蟹为主角的散文要首推唐代陆龟蒙的《蟹志》。其后，有关蟹的赋、序、说、赞等散文创作陆续涌现。

一、陆龟蒙《蟹志》

　　唐代晚期著名作家和诗人陆龟蒙，是吴郡（今江苏苏州）人。他的《蟹志》，引经据典，述其形态，状其习性，以及给人的启示：

蟹，水族之微者。其为虫也有籍，见于《礼》经，载于《国语》，扬雄《太元经》辞《晋春秋》《劝学》等篇。考于易象为介类，与龟鳖刚其外者，皆干之属也。周公所谓旁行者欤？参于药录食疏，蔓延乎小说，其智则未闻也。惟左氏纪其为灾，子云讥其躁，以为郭索后蚓而已。

蟹始窟于沮洳中，中秋冬交必大出。江东人云："稻之登也，率执一穗以朝其魁，然后从其所之也。"蚤夜霶沸，指江而奔。渔者纬萧承其流而障之，曰蟹簖，簖其入江之道焉尔，然后扳援越轶，遁而去者十六七。既入于江，则形质寝大于旧。自江复趋于海，如江之状。渔者又簖而求之，其越轶遁去者又加多焉。既入于海，形质益大，海人亦异其称谓矣。呜呼！执穗而朝其魁，不近于义耶？舍沮洳而之江海，自微而务著，不近于智耶？

今之学者，始得百家小说，而不知孟轲荀杨氏之道。或知之，又不汲汲于圣人之言，求大中之要，何也？百家小说，沮洳也。孟轲荀杨氏，圣人之渎也。六籍者，圣人之海也。苟不能舍沮洳而求渎，由渎而至于海，是人之智反出水虫下，能不悲夫？吾是以志夫蟹。

这篇《蟹志》可以说是一篇最早的螃蟹说明文，比较全面地描述了河蟹的生物学特点、洄游习性和捕捞之法。[①] 由此可见，至少在唐代，中国人已经摸清了河蟹的索饵洄游与生殖洄游习性。人们还利用河蟹洄游的特点，以竹编帘，插入水中，截其去路，"簖而求之"。"簖"即是以"障""断"之法予以捕捞的渔具。

① 李明锋.陆龟蒙《蟹志（节选）》赏析［J］.北京水产，1998（4）：36.

二、苏轼《老饕赋》

苏轼是位美食家，在他创作的《老饕赋》中特别提到了螃蟹：

庖丁鼓刀，易牙烹熬。水欲新而釜欲洁，火恶陈而薪恶劳。九蒸暴而日燥，百上下而汤鏖。尝项上之一脔，嚼霜前之两螯。烂樱珠之煎蜜，溜杏酪之蒸羔。蛤半熟而含酒，蟹微生而带糟。盖聚物之夭美，以养吾之老饕。婉彼姬姜，颜如李桃。弹湘妃之玉瑟，鼓帝子之云璈。命仙人之萼绿华，舞古曲之郁轮袍。引南海之玻黎，酌凉州之葡萄。愿先生之耆寿，分余沥于两髦。候红潮于玉颊，惊暖响于檀槽。忽累珠之妙唱，抽独茧之长缲。闵手倦而少休，疑吻燥而当膏。倒一缸之雪乳，列百椀之琼艘。各眼滟于秋水，咸骨醉于春醪。美人告去已而云散，先生方兀然而禅逃。响松风于蟹眼，浮雪花于兔毫。先生一笑而起，渺海阔而天高。

老饕是对美食家的戏称。苏轼不仅是大文学家，也是位大美食家。苏轼的《老饕赋》两次提到螃蟹，"嚼霜前之两螯""蟹微生而带糟"。苏东坡自谓"性嗜蟹蛤"。他认为霜前的蟹螯、糟过的螃蟹，都是人间美味。

三、杨万里《糟蟹赋》

杨万里是南宋著名田园诗派代表人物。为了感谢友人赠送糟蟹"风味胜绝"，于是他写了一篇《糟蟹赋》以表达谢意。

杨子畴昔之夜梦，有异物入我茅屋：其背规而黝，其脐小而白；以为龟又无尾，以为蚌又有足；八趾而只形，端立而旁行；唾杂下而成珠，臂双怒而成兵。寤而惊焉，曰："是何祥也？"

召巫咸卦之，遇坤之解曰："黄中通理，彼其韫者欤？雷雨作解，彼其名者欤？盖海若之黔首，冯夷之黄丁者欤？今日之获，不羽不鳞，奏刀而玉明，剖腹而金生，使营糟丘，义不独醒，是能纳夫子于醉乡，脱夫子于愁城，夫子能亲释其堂阜之缚，俎豆于仪狄之朋乎？"

言未既，有自豫章来者，部署其徒，趋跄而至矣。谒入视之，郭其姓，索其字也。杨子迎劳之曰："汝二浙之裔耶？九江之系耶？松江震泽之珍异？海门西湖之风味？汝故无恙耶？小之为彭越之族，大之为子年之类，尚与汝相忘于江湖之上耶？"

于是延以上客，酌以大白，曰："微吾天上之故人，谁遣汝慰我之孤寂？"客复酌我，我复酌客，忽乎天高地下之不知，又焉知二豪之在侧。

这篇《糟蟹赋》，想象力丰富，文采斐然。友人赵子直赠杨万里糟蟹，有感于"风味胜绝"，杨万里恣意展开想象，天马行空，自由驰骋。文章引入一个巫咸，让他描述螃蟹是一款神品和美味。最后，杨万里竟然拟人化，让螃蟹变成了一位"部署其徒趋跄而至"的来访天使，高兴地"天上的故人"对酌而醉。清代李渔评价此赋说：属游戏神通。言下之意，说这篇赋不像赋，然而正是这篇赋打破了传统窠臼，写得情趣盎然，引人入胜，是一篇不落俗套的佳作。

四、高似孙《松江蟹舍赋》

宋代的高似孙，鄞（今浙江宁波鄞州区）人，是一位写蟹的专家，写蟹诗、撰《蟹略》、著《郭索传》等。其《松江蟹舍赋》是他河蟹著述中的一篇上乘之作。

《松江蟹舍赋》假借鸱夷子皮（即范蠡）来到笠泽（即松江的别称，松江也称吴淞江）所见所闻而作，描述了一种自足自在、无拘无束的理想生活。赋中写道，"是皆舟子所乡，鱼郎所庐，葭菼分为域，菤苇分为墟，鸿鹭分为邻，鹢鹣分为徒"，寥寥数语交代了蟹舍的周边环境。"至于露老霜来，日月其徂，万螯生凉，含黄脂肤，其武郭索，其眦睢盱，其心易躁，其肠实枯，鼓勇而喧集，齐奔而并驱"，则把霜后螃蟹准备生殖洄游的特点生动地描绘出来。例如：

方洞庭兮始霜，熟万稼兮丰腴，执一穗兮朝魁，目洪溟兮争趋。工纬萧兮承流，截膏沸兮防逋，燎以干苇，槛以青筊，喧动凉筵，惊飞宿凫。其多也如涿野之兵，其聚也如太原之俘。蟹事卓荦，八荒所无。

这段文字描述洞庭湖落霜的时候，河蟹钳着一支稻穗，相拥游向茫茫大海，去朝觐魁首。此时，渔民在河流中间设帘拦截、焚烧芦苇、设置蟹笼，捕捞密密麻麻如涿野之兵的螃蟹。这篇文章把松江一带的捕蟹过程写得活灵活现。

五、李祁《讯蟹说》

元代作家李祁，茶陵（今湖南）人，著有《讯蟹说》曰：

客有恶蟹者得而束之，以蒲坐于庭而讯之曰："尔之生也微，为形也不类，尔之臂虽长而攘不加奋，足虽多而走不加疾，而徒欲恣睢睚眦，蹩躠庋契，以横行于世，尔果何恃而为此？吾将加尔乎炽炭之上，投尔乎鼎烹之中，刳尔形，剖尔腹，解尔肢体，以偿尔横行之罪。尔有说则可，无说则死。"
蟹于是怒目突瞳，掣足露胸，喘息既定，乃逡巡而有言曰：

"噫！子何昏惑眩瞀而昧于天地之性乎？子之于物也何见其外而不察其内乎？子何深于责物而不为人之责乎？吾之生也微，吾之形也不类，吾又长臂而多足，凡吾之所以为此者天也。吾任吾性，则吾行虽横亦何莫而非天哉。吾任性而居，吾循天而行，而子欲以是责我，是不知天也。又吾行虽横，而吾实无肠，无肠则无藏，无藏则于物无伤也。今子徒见吾外而不察乎吾之内，是不知物也。世之人固有外狠而中恶者，此其内外交暴，又非若吾之悾悾乎中也，子何不是之责而唯我之求乎？又有厚貌而深情者，其容色君子也，辞气君子也，衣服、趋进、折旋、唯诺皆君子也，而其中实嵌岩深幽、不可窥测，此又大可罪也，而吾子之不之责也何居？且吾之生也微，故吾之欲也易足，吾嚼啮稿秸，适可而止，饱则偃休乎蛇鳝之穴而无营焉，吾又何求哉？吾之行虽横，不过延缘涉猎乎沙草之上，于物无损也，于类无竞也，而吾又何罪哉？吾任吾性，吾循吾天，而子欲加我乎炽炭之上，投我乎鼎烹之中，是亦天而已矣，而吾又何辞焉？"

客于是俯首失辞，遽解其束，而纵之江。

这篇文章写得绘声绘色，借物言志，以蟹的口吻进行辩解，说明"人不可貌相"的道理。作者以客讯蟹的方式展开，为让螃蟹心服口服，罗列了螃蟹的种种罪状，认为罪该用锅烹煮，处以肢解之刑。最后问螃蟹是否服罪，给它一个辩解的机会。

螃蟹大祸临头，感到无比委屈和惊恐，与其沉默等死不如申辩一番。它一说自己形貌乃上天所赐，何罪之有？二说自己"无肠"，心眼并不坏。三说世上有内外恶毒的人，也有城府极深的伪君子，他们才是最该责备讨伐的对象。四说自己所求不多，很容易满足；五说自己横行于沙滩草丛，于物无损，于类无竞，何罪之有？六说自己依本性而生，如今依天命而死，认了。客听了螃蟹的辩解，一下说不出话来，自知理亏，于是立马为螃蟹松绑，放归江河。

这是一篇为螃蟹"翻案"的文章，视角与众不同，辩护精辟入里，堪称佳作。

六、郑明选《蟹赋》

明代作家郑明选，归安（今浙江湖州）人，著有《蟹赋》，中间部分尤为精彩：

> 惟秋冬之交兮，稻粱菀以油油；循修阡与广陌兮，未敢遽为身谋；各执穗以朝其魁兮，然后奔走于江流；遂输芒于海神兮，若诸侯之宗周。于时矣，厥躯充盈，厥味旨嘉。
>
> 乃有王孙公子，豪侠之家，置酒华屋，水陆交加。薄脍鲤与炮鳖，羞炙鸹与胎鰕（古同"虾"）。众四顾而踌躇，怅不饮而咨嗟。有渔者，纬萧承流捕而献之。宾客大笑，乐不可支。乃命和以紫苏，糁以山姜，捣以金齑，沃以琼浆。于是奉玉盘而出中厨，发皓手而剖圆筐。银丝缕解，紫液中藏。膏含丹以若火，肌散素以如霜，味穷鲜美，臭极芬芳。

这是一篇描写螃蟹美味的赋，不仅赞誉螃蟹是备受追捧的美味佳肴，还借"脍鲤、炮鳖、炙鸹、胎鰕"这些山珍海味，衬托河蟹的风味更胜一筹。文章精彩之处是对螃蟹宴的描述，"乃命和以紫苏，糁以山姜，捣以金齑，沃以琼浆"，把当时的蟹宴写得令人垂涎三尺，可谓"味穷鲜美，臭极芬芳！"

七、夏树芳《放蟹赋》

明代学者夏树芳，江阴（今属江苏）人，因睹江阴放蟹会而作《放蟹赋》：

> 于是宰官居士，圆顶方袍，普发弘愿，竭蹶江皋，喜津梁之一启，竞辐辏于钱刀，或负担以趋，或携篮而招，载入芙蓉之舰，同上木兰之栌。脱而虫孽，解尔天弢。乍轮囷以偃蹇，顷勃窣而逍遥，忽泠然以御风，驾万顷之洪涛，任二螯之展舒，骋八足之游遨，永弗罹于梁笱，恣海阔兮任夫天高。

文章说无论达官贵人，平头百姓，还是出家僧侣，大家簇拥来到野外江边买蟹，然后登上或大或小的船，来到江上将买来的螃蟹放生。这放蟹成为地方上的一种盛会，为蟹文化留存了一段美好的民俗记忆。

八、曹宗璠《示蟹文》

明末清初文学家曹宗璠，金坛（今属江苏）人，著有《示蟹文》：

> 尾斩蝌蚪，腹式蜘蛛；圆旋毁规，方步灭矩；流脂沃肪，有似董卓之脐；瞋睛怒视，殊同华元之目；有螯无当于蚌持，为匡何增于蚕绩。

这段文字不多，借蝌蚪、蜘蛛，以及董卓脐、华元之目、蚕绩蟹匡三个典故，描述了螃蟹的形态特征。董卓脐，典出《后汉书》卷七十二董卓列传。华元是春秋时宋国大夫，史载他"瞋其目，皤其腹"，即眼突、相凶、肚大。蚕绩蟹匡来自《礼记》"蚕则绩而蟹有匡"。一篇短文，蕴含着丰不少知识和历史掌故。

九、李渔《蟹赋·序》

清初文学家、美食家李渔，写有一篇精彩的《蟹赋》，其《序》亦堪称佳作：

天下食物之美，有过于螃蟹者乎？予昔误听人言，谓江瑶柱、西施舌二种，足居其右。迨游八闽，食荔枝而甘之，窃疑造物有私，胡独厚此一方而薄尽天下，既啖以佳果，复餍以美馔，闽人之暴殄天物，不太甚乎？及食所谓居蟹右者，悉淮阴之绛、灌，求为侪伍而不屑者也。但以皮相相之，则果觉瑰奇可爱，味实平平无奇。因而细绎其故，始知前人命名，其取义不过如此。宝中之瑶、屋中之柱，原只令人美观，并非可食之物；即舌在西施之口，亦岂供人咀嚼者哉！以是知南方之蟹，合山珍海错而较之，当居第一，不独冠乎水族、甲于介虫而已也。久欲赋之而未敢，以自古迄今，嗜之者众，则赋之者必多，空疏之臆，敢与便便其腹者较短长哉。及读杨廷秀之《糟蟹》《生蟹》二赋，皆属游戏神通，幻其形而为人，与之辩论酬酢，以作《郭索传》则可，谓之《蟹赋》，无乃名求而失其实乎？惟吾友尤子展成一作，竭尽中藏，贤于古人远矣。予欲藏拙，其奈无肠公子作祟，以如钳似剪之二螯，日挠予腹，不酬以文而不放何。不得已而为之。

李渔这篇《序》，是想说明创作《蟹赋》的缘由。一是认为天下美食无过于螃蟹。二是作蟹赋的想法由来已久，如蟹爪挠心，不吐不快。李渔在《序》里断言："以是知南方之蟹，合山珍海错而较之，当居第一"，吊足了读者胃口，把人引入《蟹赋》。

十、尤侗《蟹赋》

清代文学家尤侗，长洲（今江苏苏州）人，所作《蟹赋》讴歌了螃蟹的品质：

若夫新谷既升，负芒在体，朝于王所，有似乎礼；越陌度阡，获稚敛秸，迁归江河，有似乎智；进锐退速，屈曲逡巡，中无他肠，有似乎仁；执冰而踞，拥剑而动，气矜之隆，有似乎勇；蟹之时用大矣哉！

这段话描述的是在稻谷成熟之际，螃蟹钳着一支稻穗去朝觐，有"礼"；它越过阡陌，获取稻穗，返回江河，有"智"；它进退自如，无肠无藏，有"仁"；它踞冰挥螯，豪气英武，有"勇"。唐代陆龟蒙曾赞誉螃蟹"义""智"。宋代傅肱谓其"礼""智""正"。尤侗又进一步赞美螃蟹"礼""智""仁""勇"，褒奖有加。

接着，《蟹赋》又文采飞扬地描写了品蟹的无比畅快之情：

秋风白露，野有稻粱；渔舟晚出，纬萧斯张。有物郭索，聚族蹡跄；鲸鲵前驱，博带后行；术非游说，迹类连横；身披介胄，口含雌黄；精神满腹，脂肉盈匡；乱流而济，触簴而僵。一朝获十，献我公堂；老饕见之，惊喜欲狂；亟命厨娘，熟而先尝；饮或乞醯，食不彻姜；拍以毕卓之酒，和以何胤之糖；美似玉珧之柱，鲜如牡蛎之房；脆比西施之乳，肥胜右军之肪……对茱萸之弄色，把橘柚之浮香，饱金虀与玉脍，醉百斛兮千觞。

这段文字的精彩之处是对螃蟹美味的描述。作者见到螃蟹，欣喜若狂，赶快让厨娘蒸熟了先尝，学毕卓边吃蟹边豪饮，学何胤食蟹和之以糖。作者赞美螃蟹的美味，美比江瑶之柱，鲜如牡蛎之房，脆过西施舌，肥过右军之肪（"右军"为"鹅"的雅称）。在尤侗笔下，螃蟹又美又鲜又脆又肥，给予螃蟹无上的评价。李渔读了好友尤侗的《蟹赋》后认为："竭尽中藏，贤于古人远矣。"

十一、丰子恺《忆儿时，中秋吃蟹》

丰子恺，浙江崇德（今桐乡）人，中国现代画家、散文家，他在《忆儿时》一文中写到三件不能忘却的事，养蚕、吃蟹和钓鱼，现截取吃蟹如下：

第二件不能忘却的事，是父亲的中秋赏月，而赏月之乐的中心，在于吃蟹。

我的父亲中了举人之后，科举就废，他无事在家，每天吃酒、看书。他不要吃羊牛猪肉，而欢喜用鱼虾之类。而对于蟹，尤其欢喜。自七八月起直到冬天，父亲平日的晚酌规定吃一只蟹，一碗隔壁豆腐店里买来的开锅热豆腐干。他的晚酌，时间总在黄昏。八仙桌上一盏洋油灯，一把紫砂酒壶，一只盛热豆腐干的碎瓷盖碗，一把水烟筒，一本书，桌子角上一只端坐的老猫，这印象在我脑中非常深，到现在还可以清楚的浮现出来。我在旁边看，有时他给我一只蟹脚或半块豆腐干。然我欢喜蟹脚。蟹的味道真好，我们五六个姊妹兄弟都欢喜吃，也是为了父亲欢喜吃的原故。只有母亲与我们相反，欢喜吃肉，而不欢喜又不会吃蟹，吃的时候常常被蟹螯上的刺刺开手指，出血，而且挑剔得很不干净，父亲常常说她是外行。父亲说：吃蟹是风雅的事，吃法也要内行才懂得。先折蟹脚，后开蟹斗……脚上的拳头（即关节）里的肉怎样可以吃干净，脐里的肉怎样可以剔出……脚爪可以当作剔肉的针……蟹螯的骨可以拼成一只很好的蝴蝶……父亲吃蟹真是内行，吃得非常干净。所以陈妈妈说："老爷吃下来的蟹壳，真是蟹壳。"

蟹的储藏所，就在天井角里的缸里。经常总养着五六只。

到了七夕，七月半，中秋，重阳等节候上，缸里的蟹就满了，那时我们都有得吃，而且每人得吃一大只，或一只半。尤其是中秋一天，兴致更浓。在深黄昏，移桌子到隔壁的白场上的月光下面去吃。更深人静，明月底下只有我们一家的人，恰好围成一桌，此外只有一个供差使的红英坐在旁边。谈笑，看月，他们——父亲和诸姊——直到月落明光，我则半途睡去，与父亲和诸姊不分而散。

这原是为了父亲嗜蟹，以吃蟹为中心而举行的。故这种夜宴，不仅限于中秋，有蟹的季节里的月夜，无端也要举行数次。不过不是良辰佳节，我们少吃一点，有时两人分吃一只。我们都学父亲，剥得很精细，剥出来的肉不是立刻吃的，都积受在蟹斗里，剥完之后，放一点姜醋，拌一拌，就作为下饭的菜，此外没有别的菜了。因为父亲吃菜是很省的，且他说蟹是至味。吃蟹时混吃别的菜肴，是乏味的。我们也学他，半蟹斗的蟹肉，过两碗饭还有余，就可得父亲的称赞，又可以白口吃下余多的蟹肉，所以大家都勉励节省。现在回想那时候，半条蟹腿肉要过两大口饭，这滋味真是好！自父亲死了以后，我不曾再尝这种好滋味，现在，我已经自己做父亲，况且已经茹素，当然永远不会再尝这滋味了。唉！儿时欢乐，何等使我神往！

然而这一剧的题材，仍是生灵的杀虐！当时我们一家人团栾之乐的背景，是杀生。我曾经做了杀生者的一分子，以承父亲的欢娱。血食，原是数千年来一般人的习惯，然而残杀生灵，尤其残杀生灵来养自己的生命，快自己的口腹，反究诸人类的初心，总是不自然的，不应该的。文人有赞咏吃蟹的，例如甚么"右手持蟹，左手持杯"，甚么"秋深蟹正肥"，作者读者，均囿于习惯，赞叹其风雅。倘质诸初心，杀蟹而持其螯，见蟹肥而起杀心，有甚么美，而值得在诗文中赞咏呢？

因此这件回忆，一面使我永远神往，一面又使我永远忏悔。

丰子恺三十岁时心仪佛教，戒决荤腥，然而对儿时吃蟹的情景依然记忆犹新，成为一段美好回忆。

十二、贾祖璋《蟹》

贾祖璋，浙江海宁人，中国现代科学小品的先驱和开拓者之一。他写有一篇《蟹》发表在《太白》第 1 卷第 5 期上：

作者在文中介绍了观察螃蟹内部结构的方法。他写道："把脐和背甲剥去，可以看到两侧各有 6 条灰色羽毛状的蟹梳，这是它的鳃"，"它的中心部位有一块白色长方形的薄片"，是心脏，"生活的时候，把甲壳剪一小口，可以看到这部分是略带透明的胶状物，经常作有节奏的跳动"，"取背甲来观察，这里有一个尖形白色的囊，正位于口的后方，这是胃，里面常常含有食物"。通过这些说明文字，人们得以了解螃蟹的内部结构。

作者进而描述道："雄蟹体内的蟹膏，是它的精巢，原本是透明无色的胶状体，煮熟以后便凝结成脂肪的样子。雌蟹体内的蟹黄是卵巢，原本是许多条紫褐色的叶状体，煮熟后变成蛋黄的样子。"贾祖璋用科学的方法，将螃蟹的形态结构娓娓道来，令人耳目一新。不仅如此，作者把枯燥、深奥、抽象的说明文，通过修辞手法演绎得生动、通俗和具体。比如描述螃蟹的眼睛，作者描述道："眼睛一对，生有短柄，要看的时候，竖立起来，不看，伏在眼窝里休息"，再比如"这钳可以夹取食物，也可以抵御敌害，和我们的手有同样的功用"。这样就把科学知识写活了，写得有趣了。

十三、梁实秋《蟹》

梁实秋的散文，为学界称道。到台湾以后，他因乡愁而情念大陆的河蟹，于是写了一篇散文《蟹》：

蟹是美味，人人喜爱，无间南北，不分雅俗。当然我说的是河蟹，不是海蟹。在台湾有人专程飞到香港去吃大闸蟹。好多年前我的一位朋友从香港带回了一篓螃蟹，分飨我两只，得膏馋吻。蟹不一定要大闸的，秋高气爽的时节，大陆上任何湖沼溪流，岸边稻米高粱一熟，率多盛产螃蟹。在北平，在上海，小贩担着螃蟹满街吆唤。

七尖八团，七月里吃尖脐（雄），八月里吃团脐（雌），那是蟹正肥的季节。记得小时候在北平，每逢到了这个季节，家里总要大吃几顿，每人两只，一尖一团。照例通知长发送五斤花雕全家共饮。有蟹无酒，那是大杀风景的事。《晋书·毕卓传》："右手持酒杯，左手持蟹螯，拍浮酒船中，便足了一生矣！"我们虽然没有那样狂，也很觉得乐陶陶了。母亲对我们说，她小时候在杭州家里吃螃蟹，要慢条斯理，细吹细打，一点蟹肉都不能糟踏，食毕要把破碎的蟹壳放在戥子上称一下，看谁的一份儿分量轻，表示吃的最干净，有奖。我心粗气浮，没有耐心，蟹的小腿部分总是弃而不食，肚子部分囫囵略咬而已。每次食毕，母亲教我们到后院采择艾尖一大把，搓碎了洗手，去腥气。

在餐馆里吃"炒蟹肉"，南人称蟹粉，有肉有黄，免得自己剥壳，吃起来痛快，味道就差多了。西餐馆把蟹肉剥出来，填在蟹匡里烤，那种吃法别致，也索然寡味。食蟹而不失原味的唯一方法是放在笼屉里整只的蒸。在北平吃螃蟹唯一好去处是前门外肉市正阳楼。他家的蟹特大而肥，从天津运到北平的大批蟹，到车站开包，正阳楼先下手挑拣其中最肥大者，比普通摆在市场或摊贩手中者可以大一倍有余，我不知道他是怎样获得这一特权的。蟹到店中畜在大缸里，浇鸡蛋白催肥，一两天后才应客。我曾掀开缸盖看过，满缸的蛋白泡沫。食客每人一份小木槌小木垫，黄杨木制，旋床子定制的，小巧合用，敲敲打打，可免牙咬手剥之劳。我们因是老主顾，伙计送了我们好几副这样的工具。这个伙计还有一样绝活，能吃活蟹，请他表演他也不辞。他取来一只活蟹，两指掐住蟹匡，任它双螯乱舞轻轻把脐掰开，咔嚓一声把蟹壳揭开，然后扯碎入口大嚼，看得人无不心惊。据他说味极美，想来也和吃炝活虾差不多。在正阳楼吃蟹，每客一尖一团足矣，然后补上一碟烤羊肉夹烧饼而食之，酒足饭饱。别忘了要一碗氽大甲，这碗汤妙趣无穷，高汤一碗煮沸，投下剥好了的蟹螯七八块，立即起锅注在碗内，洒上芫荽末、胡椒粉，和切碎了的回锅老油条。除了这一味氽大甲，没有任何别的羹汤可以压得住这一餐饭的阵脚。以蒸蟹始，以大甲汤终，前后照应，犹如一篇起承转合的文章。

蟹黄蟹肉有许多种吃法，烧白菜，烧鱼唇，烧鱼翅，都可以。蟹黄烧卖则尤其可口，惟必须真有蟹黄蟹肉放在馅内才好，不是一两小块蟹黄摆在外面作样子的。蟹肉可以腌后收藏起来，是为蟹胥，俗名为蟹酱，这是我们古已有之的美味。《周礼·天官·庖人》注："青州之蟹胥"。青州在山东，我在山东住过，却不曾吃过青州蟹胥，但是我有一位家在芜湖的同学，他从家乡带了一小坛蟹酱给我。打开坛子，黄澄澄的蟹油一层，香气扑鼻。一碗阳春面，加进一两匙蟹酱，岂只是"清水变鸡汤"？

海蟹虽然味较差，但是个子粗大，肉多。从前我乘船路过烟台威海卫，停泊之后，舢板云集，大半是贩卖螃蟹和大虾的。都是煮熟了的。价钱便宜，买来就可以吃。虽然微有腥气，聊胜于无。生平吃海蟹最满意的一次，是在美国华盛顿州的安哲利斯港的码头附近，买得两只巨蟹，硕大无朋，从冰柜里取出，却十分新鲜，也是煮熟了的，一家人乘等候轮渡之便，在车上分而食之，味甚鲜美，和河蟹相比各有千秋，这一次的享受至今难忘。

陆放翁诗："磊落金盘荐糖蟹。"我不知道螃蟹可以加糖。可是古人记载确有其事。《清异录》："炀帝幸江州，吴中贡糖蟹。"《梦溪笔谈》："大业中，吴郡贡蜜蟹二千头，蜜拥剑四瓮，又何嗣嗜糖蟹？大抵南人嗜咸，北人嗜甘，鱼蟹加糖蜜，盖便于北俗也。"

如今北人没有这种风俗，至少我没有吃过甜螃蟹，我只吃过南人的醉蟹，真咸！螃蟹蘸姜醋，是标准的吃法，常有人在醋里加糖，变成酸甜的味道，怪！

梁实秋对蟹情有独钟，除了《蟹》，还写过一篇《吃蟹》：

几场秋雨劈头盖脸地一浇后，秋色已浓得如墨画。更令人惊喜的是，在这秋风送爽丹桂飘香之际，那一只只肉肥黄多的螃蟹也爬上了餐桌。秋风起蟹脚痒，菊花开闻蟹香。深秋正是看菊吃蟹的好时节，螃蟹便也成了人们佐酒吟诗的佳物。

烹蟹的方法有多种，清蒸、红烧、油焖，都让人吃得口舌生香，欲拒还迎。吃螃蟹最讲究的非上海人莫属，往往备有精巧的小钳小剪，虽然看似工序繁琐，可吃起螃蟹来却是得心应手。据说有好事者甚至能将吃剩的蟹壳拼凑成一只完整的蟹，让人真假难辨。至于我辈，没有这等本领，吃蟹时双手齐上，剥、咬、挖种种手段齐用，虽然吃相比较难看，可也能大饱口福。

我觉得螃蟹的最佳吃法当数清蒸了，只有这样才能保证其原汁原味。把洗净的螃蟹用细线绑上大火蒸之，这样蟹脚就不会在蒸煮的过程中掉下来。10余分钟后，青色的蟹壳已变得通红，更有金黄色的蟹膏从蟹背边溢出，满屋清香。在蒸螃蟹的当儿，得加紧准备调料。吃蟹一定得蘸醋，用上等的香醋，再加入姜末、白糖等，等蟹一出锅便食之，免得其冷了有腥味。吃蟹时先揭开蟹盖，一股热气夹杂着蟹香扑鼻而来，呈现在眼前的是一团金黄的蟹膏，让人口舌生津，赶紧蘸醋吃下。吃完蟹黄，再将蟹身一掰两半，洁白粉嫩的蟹肉便一缕缕地尽现眼前，迫不及待地吞下，一种润滑爽口的滋味顺喉而下。吃蟹脚虽繁琐了些，还有戳破嘴皮之险，可用嘴轻轻地咬住那细长的蟹脚，"咔嚓"一声就把蟹脚里的肉给挤了出来，还挺有趣的。

我还爱吃醉蟹。做醉蟹的螃蟹不需要太大，硬币大小的就可以。将蟹洗涮干净后，与绍兴黄酒、食盐、花椒、生姜等一起放入瓶中密封腌渍，隔一天便可以食用。打开瓶子，一股醉人的香味扑面而来。此时的蟹黄已不再是金黄，而是紫黑色，微微地泛着金光。吃时少了熟蟹的那种粉味，更显得清爽。醉蟹的蟹肉更嫩更滑，放入嘴中，淡淡酒香中有一种浓浓的甘鲜，让人觉得无比鲜美。

剥蟹赏菊是金秋的一大喜事，古时的文人墨客自是不甘落后，在剥蟹之余留下了许多咏蟹诗，为品蟹添了几分韵味。在品蟹诗中，最有名的当数皮日休的"未游沧海早知名，有骨还从肉上生。莫道无心畏雷电，海龙王处也横行。"字里行间，虽未出现一个蟹字，却将蟹的神态、习性写尽。酒仙李太白也是嗜蟹之徒，"蟹螯即金液，糟丘是蓬莱。且须饮美酒，乘月醉高台。"满足之态跃然纸上。陆放翁更是蟹的知音，"蟹肥暂擘馋涎堕，酒绿初倾老眼明。"他持蟹狂饮，高兴得连昏花的老眼也变得明亮起来。

因有了螃蟹，那冷瑟的深秋也变得生动起来。可不，坐于窗边，斟一壶小酒，啖三二肥蟹，闻满庭菊香，人生之乐莫过于此。可螃蟹性太凉，多食难免有泻肚之危，这也许是应了一句老话，"珍物不可亵玩，美味不可多食。"

梁实秋笔下的蟹，表面上是在写舌尖上的美味，其实却是在表达心里那浓浓的乡愁。美食与乡愁相交织，就在笔尖汩汩流淌出一段段优美的文字。

十四、曹可凡记蟹念肥姐

曹可凡曾在《文汇报》上发表过一篇纪念沈殿霞（爱称肥姐）的文章，提到她对大闸蟹的喜爱。文章写道：

尽管驰骋演艺界数十年，经历过无数风浪，但肥肥姐却做足功课，尤其是那些与她过往表达习惯截然不同语句和用词，她都用红笔一一圈出，并且背得滚瓜烂熟，不敢有丝毫懈怠。排练间隙，我陪她往愚园路去一遭。当踏入"岐山村"那条今天看来并不阔绰的弄堂，肥肥姐竟兴奋得如同孩子那样手舞足蹈，以一口地道、老派上海话，回忆童年时代的点点滴滴。言语间，那标志性的爽朗笑声似乎要穿透整条弄堂，惹得不少住户推开窗户，带着疑惑的神情，看着我们这些疯癫之人。夜幕降临，来到黄河路，面对一只油光发亮的大闸蟹，肥肥姐更是笑得灿若桃花。肥肥姐吃蟹别有一功，她可将蟹盖、蟹脚吃得干干净净，吃完后竟然仍能拼成一只完整的蟹，教人佩服。肥肥姐嗜蟹如命，移居温哥华因无蟹可尝，煎熬难忍，于是尝试空运，由于航空公司禁止携带活蟹，她便想出一绝招，即先在香港将蟹蒸到半熟，偷偷随行李带上飞机，抵达目的地再蒸上一会儿，便可食用。2007年，肥肥姐因肝癌紧急入院手术。出院没几天，便给我打来电话，说，医生对其饮食严格管理，但她实在想吃几只大闸蟹，再来上一碗小馄饨和一打小笼。为排遣病中寂寞，她嘱我为其复刻数十集沪语情景剧《老娘舅》，以解乡思之苦。①

文章写沈殿霞爱蟹爱到嗜蟹如命。看到有蟹吃"笑得灿若桃花"。吃也吃得令人赞叹，"吃完后竟然仍能拼成一只完整的蟹"。为了能在温哥华吃到蟹，竟然想到"先在香港将蟹蒸到半熟，偷偷随行李带上飞机，抵达目的地再蒸上一会儿，便可食用"。作者通过对沈殿霞嗜蟹的描写，展现了一个可爱活泼、令人难忘的形象，浸透着对本人的深深思念。

第四节　小说中的蟹文化

中国人把蟹演绎为一种有趣的人文动物。除了诗词歌赋，在不少小说中也都有蟹的一席之地，如著名的长篇小说《西游记》《金瓶梅》《红楼梦》等均写到蟹。

一、吴承恩《西游记》

明代小说家吴承恩，所作《西游记》第六十回《牛魔王罢战赴华筵》写道：

孙大圣与牛魔王打得难分难解之际，突然，牛魔王撇下孙大圣，寂然不见，大圣寻看，找到乱石山碧波潭，判断老牛已经下水，于是：

好大圣，捻着诀，念个咒语，摇身一变，变作一个螃蟹，

---

① 曹可凡：《回荡在"岐山村"的朗朗笑声》，《文汇报》，2019年8月31日。

不大不小的，有三十六斤重。扑的跳在水中，径沉潭底。忽见一座玲珑剔透的牌楼，楼下拴着那个辟水金睛兽。进牌楼里面，却就没水。大圣爬进去，仔细看时，只见那壁厢一派音乐之声……长鲸鸣，巨蟹舞，鳌吹笙，鼍击鼓……吃的是天厨八宝珍馐味，饮的是紫府琼浆熟酝醪。那上面坐的是牛魔王，左右有三四个蛟精，前面坐着一个老龙精，两边乃龙子、龙孙、龙婆、龙女。

正在那里觥筹交错之际，孙大圣一直走将上去，被老龙看见，即命："拿下那个野蟹来！"龙子、龙孙一拥上前，把大圣拿住。大圣忽作人言，叫："饶命！饶命！"老龙道："你是哪里来的野蟹？怎么敢上厅堂，在尊客之前，横行乱走？快早供来，免汝死罪！"好大圣，假捏虚言，对众供道：

"生自湖中为活，傍崖作窟权居。盖因日久得身舒，官受横行介士。踏草拖泥落索，从来未习行仪。不知法度冒王威，伏望尊慈恕罪！"

座上众精闻言，都拱身对老龙作礼道："蟹介士初入瑶宫，不知王礼，望尊公饶他去罢！"老龙称谢了。众精即教："放了那厮，且记打，外面伺候。"大圣应了一声，往外逃命。

小说写道，孙大圣变成一只螃蟹爬进龙宫，不懂礼数，在"海龙王处也横行"。有趣的是孙大圣的一番供词，说自己是生活在山崖水边洞穴里的一只湖蟹，官受横行介士，成天到晚踏着水草，踩着淤泥，自由自在，"从来未习行仪"，因此冒犯王威，恳请宽恕。吴承恩结合螃蟹天性，饶有趣味地展现了孙大圣的随机应变。

《西游记》第六十三回《二僧荡怪闹龙宫》，作者又写孙悟空变成一只螃蟹爬进龙宫，见到猪八戒被绑在柱子上，就用大螯夹断绳索。惟妙惟肖，引人入胜。

二、兰陵笑笑生《金瓶梅》

明代兰陵笑笑生的《金瓶梅》，想必不少读者耳熟能详。小说写蟹的地方不少，大致可以分为三种情况。

其一是就螃蟹的特性打诨取乐。如小说第五十四回写道：

一个吃素人见了阎王，要讨一个好人身。割开肚子一验，只见一肚子涎唾。原来平日见人吃荤，咽在那里的。

这是写一个平常吃素的人，见了阎王想讨一个好人身。可是这肚子里竟然装满了一肚子吐沫。说是平日里看别人吃荤眼馋，咽到肚子里攒起来的。

其二是描写了几种吃蟹方法。如书中有"腌螃蟹""吃螃蟹得些金华酒才好"等。在小说第六十一回，西门庆等人在重阳节赏菊，常时节把他娘子做的"螃蟹鲜"端来过来。"西门庆令左右打开盒儿观看，四十个大螃蟹，都是剔剥净了的，里边酿着肉，外用椒料、姜蒜米儿、团粉裹就，香油炸、酱油酿造过，香喷喷酥脆好吃。"这"螃蟹鲜"的确非同一般，是将大蟹的蟹肉剔下来，佐以各种调料制成。大舅边吃边赞道："我空痴长了五十二岁，并不知道螃蟹这般造作，委的好吃。"

其三是记述了一些螃蟹的民间俗语。如"没脚蟹""大娘子是没脚蟹""寡妇人没脚蟹"等。"没脚蟹"用来比喻失去活动能力的人。还有如"腌螃蟹——劈得好腿儿""其声如泥中螃蟹，响之不绝""七手八脚螃蟹灯"之类，都契合螃蟹的特点展现出趣味的语言特点。

三、蒲松龄《聊斋志异》

清代作家蒲松龄，山东淄川（今淄博）人，他在《聊斋志异》的《三仙》一文提及蟹：

　　士人某，赴试金陵，经由宿迁，会三秀才，谈论超旷，悦之。沽酒相欢，款洽间，各表姓字：一介秋衡，一常丰林，一麻西池。纵饮甚乐，不觉日暮。介曰："未修地主之仪，忽叨盛馔，于理未当。茅茨不远，可便下榻。"常、麻并起，捉襟唤仆，相将俱去。至邑北山，忽睹庭院，门绕清流。既入，舍宇精洁，呼僮张灯，又命安置从人。麻曰："昔日以文会友，今闱场伊迩，不可虚此良夜。请拟四题，命阄各拈其一，文成方饮。"众从之，各拟一题，写置几上，拾得者就案构思。二更未尽，皆已脱稿，迭相传视。秀才读三作，深为倾倒，草录而怀藏之。主人进良酝，巨杯促釂，不觉醺醉。客兴辞。主人乃导客就别院寝，醉中不暇解履，着衣遂寝。既醒，红日已高，四顾并无院宇，惟主仆卧山谷中。大骇，呼仆亦起，见旁有一洞，水涓涓溢流。自讶迷惘，视怀中，则三作俱存。下山问土人，始知为"三仙洞"。中有蟹、蛇、虾蟆三物最灵，时出游，人往往见之。士人入闱，三题皆仙作，以是擢解。

　　在蒲松龄的笔下，蟹、蛇和虾蟆摇身一变成"三仙"，个个文质彬彬、才思敏捷。三仙所作三篇美文，正好是书生赶赴金陵入闱考试的三题，因此高中。《三仙》让人们领略了蟹、蛇和虾蟆可爱可敬的品质。在这"三仙"中，蒲松龄给螃蟹起了一个文绉绉的名字"介秋衡"，一只饱读诗文的"秀才"蟹脱颖而出。"三仙洞"周边"门绕清流""旁有一洞，水涓涓流溢"，也符合蟹、蛇和虾蟆生活的环境。

四、曹雪芹《红楼梦》

　　清代小说家曹雪芹，在《红楼梦》第三十七至三十九回描述大观园里的蟹宴，热闹中不失雅致，美味中洋溢着诗兴。

文中贾母等受史湘云之邀赏桂吃蟹，大家都兴高采烈。宝玉"兴欲狂"，黛玉"喜先尝"，宝钗"涎口盼"。凤姐忙着给这个给那个剥蟹肉吃，自己没顾得吃，就叫平儿索取几个"拿了家去吃"。大观园里吃蟹吃得"雅"，对吃蟹环境非常讲究：

贾母因问："那一处好？"王夫人道："凭老太太爱在那一处，就在那一处。"凤姐道："藕香榭已经摆下了。那山坡下两棵桂花开得又好，河里水又碧清。坐在河当中亭子上，岂不敞亮？看看水，眼也清亮。"贾母听了，说："这话很是。"说着，引了众人往藕香榭来。原来这藕香榭盖在池中，四面有窗，左右有回廊可通，亦是跨水接岸，后面又有曲折竹桥暗接。

好一个"藕香榭"，桂花飘香，执螯把酒，致使大家诗兴大发。贾宝玉说："今日持螯赏桂，亦不可无诗"，于是写下"脐间积冷馋忘忌，指上沾腥洗尚香"。林黛玉不假思索，也提笔写下："铁甲长戈死未忘，堆盘色相喜先尝。螯封嫩玉双双满，壳凸红脂块块香。多肉更怜卿八足，助情谁劝我千觞？对斯佳品酬佳节，桂拂清风菊带霜。"诗中"螯封嫩玉双双满，壳凸红脂块块香"一句，把持螯饮酒的惬意写得淋漓尽致。薛宝钗的"眼前道路无经纬，皮里春秋空黑黄"，以蟹讽刺那些横行霸道、城府极深的人，可谓惟妙惟肖。

大观园里吃蟹，快活中不失讲究，活泼中不失精致。一是采购仔细，薛宝钗说："我们当铺里有一个伙计，他家田上出的好肥螃蟹"，"我和我哥哥说，要几篓极肥极大的螃蟹来"。于是搞来两三大篓一斤只有两三个的大螃蟹，堪称肥美。二是地点雅致，藕香榭有桂花、清水、亭榭，堪称幽雅。三是氛围自在。贾母等长辈离开后，宝玉即刻倡议，"把大圆桌放在当中，酒菜都放着，也不必拘定坐位，有爱吃的去吃，大家散坐"，氛围变得轻松自在。再者，程序要考究。

凤姐分付："螃蟹不可多拿来，仍旧放在蒸笼里，拿十个来，吃了再拿。"一面又要水洗了手，站在贾母跟前剥蟹肉。头次让薛姨妈，薛姨妈道："我自己掰着吃香，不用人让。"凤姐便奉与贾母。二次的便与宝玉，又说："把酒烫的滚热的拿来。"又使小丫头们去取菊花叶儿、桂花蕊熏的绿豆面子来，预备洗手。

这段文字特地交代螃蟹要趁热吃，因此不要一下全端上来，要吃了再取。吃之前要把手洗净，吃完后要用"菊花叶儿、桂花蕊熏的绿豆面子"洗手。蟹性寒，吃蟹要就滚热的酒。此外，贾府的蟹宴还有一道茶。茶能化脂，能解酒去腥。曹雪芹不惜用五千字的篇幅，写了一出别开生面的蟹宴。

五、白云外史散花居士《后红楼梦》

《红楼梦》为未竟之作，后多有人续写，其中第一部续书为《后红楼梦》，署名"白云外史散花居士"。《后红楼梦》第二十九回写吃螃蟹。面对店伙计送来的一担大蟹，有言放生的，有说留下吃的，最后决定让林黛玉变出一个新样来。黛玉吩咐柳嫂子将螃蟹分成五样，每样做成一道菜。第一样是取螃蟹黄，用嫩鸡蛋和鹅油拌炒。第二样是取螃蟹油，也就是将螃蟹水晶球般的蟹膏，用嫩菠菜和鸡油拌炒而成。第三样是取螃蟹胸肉，用姜、醋清蒸了吃。第四样是用螃蟹腿肉，黄糟淡糟一遍，加寸芹香黑芝麻用糟油拌着制成。第五样是螃蟹钳肉，用蘑菇天花鸡汤加豆腐清炖烹制而成。这次蟹宴"一蟹五吃"，如此考究，自然大受欢迎。贾宝玉称赞道："快些载到食谱里去。"

六、林语堂《京华烟云》

现代作家林语堂，福建龙溪（今龙海）人，著有一部用英文写成的长篇小说《京华烟云》。书的第十六章《开蟹宴姚府庆中秋》，写的是主人公姚思安，与女儿木兰、莫愁等邀客在府上持螯赏菊度中秋的故事。为了准备中秋节，"姚先生买了两大篓子最好的螃蟹"，约上客人一起观菊、吃蟹、饮酒、赏月。蟹宴很受欢迎，"全家人人都喜爱的餐，没有胜过一桌螃蟹席的，每逢吃螃蟹，总是热热闹闹的"，"螃蟹是讲究美食的人最贪最迷的东西，香味、形状、颜色，都异乎寻常"。人们一边吃蟹一边闲谈，直揣测孔子是不是也喜欢吃螃蟹。木兰说孔夫子爱吃姜，"那他就有爱吃螃蟹的嫌疑"，"像孔夫子那么聪明的人，怎么会不知道吃螃蟹？"席上还辩解说《论语》上没有记载，是因为"孔子的弟子不能把件件事情都记下来，也许记下来的被秦始皇焚书给烧毁了"。小说里写莫愁是吃螃蟹的内行，"她把螃蟹的每一部分都吃得干干净净，所以她那盘子里都是一块块薄薄的，白白的，像玻璃，又像透明的贝壳儿一样"。吃完之后，"大家离席洗手，用的是野菊叶子泡的水"，"摆上素淡的白米稀粥，咸蛋，腌咸菜"。这些描写很细腻很精致，多少受《红楼梦》蟹宴的影响。

小说借木兰之口讲了一段有关螃蟹的笑话：

从前有一大队螃蟹兵，龙王爷要他们把守海口。螃蟹将军天天在海边沙滩上把这群蟹兵勤加操练，人都可以看得见那些小螃蟹演习列阵交战。一个大蛇精在海里造了反，这时正好赶上螃蟹将军生了病，龙王爷派珍珠仙母去领兵。她就浮出水面儿，站在海里一大块石头上，向沙滩下命令，叫螃蟹兵站列成排。螃蟹兵都从窟窿里钻出来，站好了排。举目右看，站得整整齐齐，珍珠仙母大为吃惊。她喊口令："向前走！"螃蟹兵不能向前往海里走，却向沙滩右边儿走去。珍珠仙母弄得毫无办法，就是不能让他们往前走下海去。于是她问一个螃蟹军官如何是好。军官请准代为发号施令。他说："向左转，向前走！"看哪！螃蟹兵一直往前，走向海水里。珍珠仙母大惑不解，求螃蟹军官说明缘故。螃蟹军官回答道："他们都是从英国留学回来的呀！"

当时，中国人写字由上而下直写，英国人写字则由左向右横写。这个笑话借螃蟹横行，戏谑英文是横着写的，令人啼笑皆非。林语堂笔下的蟹宴，杂糅了东西方文化交融的内容，写出了一番新趣味。

第四章　艺术中的蟹文化

第一节　绘画中的蟹文化

中国从古至今，出现众多以画蟹闻名的画家，遗憾的是很多画作已亡遗，仅存文字记载或题画诗。

韩滉，字太冲，长安（今陕西西安）人，唐代中期政治家、画家，传世之作有著名的《五牛图》。据宋代傅肱《蟹谱》："唐韩晋公善画，以张僧繇为之师，善状人物异兽水牛等之外，尤妙于螃蟹。"这是中国绘画史上有关画蟹的最早记录，可惜尚未见传世真迹。《五牛图》已属神品，"尤妙于螃蟹"，想必更加巧夺天工。

徐熙，江宁（今江苏南京）人，也作钟陵（今江西进贤西北）人，五代南唐画家。据宋代米芾《志林》："雒阳张状元师德家多名画，周文矩仕女，徐熙鳊鱼、蟹"；又据无名氏记录宋徽宗宫廷所藏画作的《宣和画谱》载：今御府所藏徐熙画中有《蓼岸龟蟹图》。可见徐熙也是早期一位画蟹名家。

袁羲，河南登封人，五代后唐画家。据《宣和画谱》载，他"善画鱼，穷其变态，得噞喁游泳之状，非若世俗所画，作庖中物，特使馋獠生涎耳"，并说御府所藏《蟹图一》。鱼画得鲜活，蟹自然不在话下。

李煜，五代时南唐国主，世称李后主，能诗文、音乐、书画，尤以词名。据宋代邓椿《画继》郡太史博公济家，藏李后主《蟹图》。螃蟹是李煜喜爱的绘画题材之一。

郭忠恕，字恕先，河南洛阳人，元代夏文彦《图绘宝鉴》

称他"善画楼观、木石,皆极精妙",据说可以当建筑施工用图。宋代高似孙《蟹略》云:郭忠恕有《蟹图》。从《图绘宝鉴》的记载推测其绘画风格,他所作蟹图估计如今日教学挂图惟妙逼真。

易元吉,字庆之,长沙(今属湖南)人,北宋画家。据宋代高似孙《蟹略》云:易元吉有《蟹图》。①本为民间画工,天资聪颖,曾在所居处开圃凿池,栽花种草,饲养禽羽水族,窥其动静游息之态,"故写动植(物)之状,无出其右者"。易元吉的画风显然以写实见长。

伊人,宋代画家。据宋代文同《画蟹》诗云:"蟹性最难图,生意在螯跪;伊人得其妙,郭索不能已。"

文同,字与可,梓州永泰(今四川盐亭东)人,善诗文书画,尤善墨竹,主张"胸有成竹"。文同很欣赏伊人"画蟹",称蟹的两只大螯和八只蟹脚,被画得仿佛在"郭索郭索"爬行,料想伊人的蟹画一定栩栩如生。

临海画工,据宋代洪迈《容斋随笔·临海蟹图》载,山东文登人吕亢,在浙江临海为官时曾命画工作蟹图,凡蝤蛑、拨棹子、拥剑、蟛蜞等十二种。吕亢说:"此皆所常见者,北人罕见,故绘以为图。"目的是帮助北方人识蟹。这蟹图估计类似如今的科学挂图。

阎士安,宛丘(今河南淮阳)人,宋代画家。据元代夏文彦《图绘宝鉴》:"家世业医,性喜作墨戏,荆榾枳棘,荒崖断岸,蟹燕蒲藻,皆极精妙。"宋代高似孙《蟹略》也特别提到,说他"善画蟹"。

李延之,据元代夏文彦《图绘宝鉴》说,李延之是武臣,宋代画家,"善画虫鱼草木禽兽,写生尤工"。《宣和画谱》载:

---

① 钱仓水.说蟹[M].上海:上海文化出版社,2007:316.

御府藏李延之《双蟹图》。

赵佶，即宋徽宗，治国昏庸，绘画艺术却颇有成就，曾倡建画院，广搜画作，使人编辑《宣和画谱》，保存了众多珍贵画作。据《南宋馆阁续录》卷三，其"储藏"所列《徽宗皇帝御画十四轴·一册》载：《鸭蟹》（三幅，御书"鸭雏鸭蟹"四字）。说明蟹也是赵佶的绘画对象。

李德柔，字胜之，河东晋（今山西太原）人，幼而善画，宋代道士。据宋代高似孙《蟹略》：有"李德柔郭索钩辀图"。画题源于林逋的诗句"草泥行郭索，云木叫钩辀"。"郭索"即螃蟹，"钩辀"即鹧鸪，估计是一幅诗意图。

李秀，据清代孙之騄："风李秀者，不知何许人，佯狂奇谲人，因呼云。"明太祖洪武末年，李秀已老，托迹燕府，一次到后宰门，门侧有一寺，寺壁刚粉饰洁白，寺僧准备招募画工在壁上作画，李秀毛遂自荐。他见檐下有一筐瓦壶，便一一取来，用瓦壶蘸墨涂壁上。寺僧见好端端墙壁被涂得墨块斑斑，就愤然骂了起来。李秀说："不要来气，不要来气！"边说边蘸墨，在墙壁下方画成沙滩，壶迹旁边又逐一加上螯足，于是，"悉成蟹，俯仰倾侧，态状各异，望之蠕动如生焉"。这《寺壁画蟹》有几处令人称奇：一是向来蟹画以绢纸为媒，它画在壁上，端端一幅壁上沙滩群蟹图；二是在寺庙壁上，不画菩萨和善男信女而画蟹，是破天荒的；三是画法打破惯例，先用壶蘸墨涂壁，再逐步画成沙滩和螃蟹，似有当今后现代主义味道；四是壁画螃蟹蠕动如生，千姿百态，引起轰动。这可谓绘画史上一个奇人奇画。

徐渭，字文长，号青藤道人，山阴（今浙江绍兴）人，明代文学家、书画家。他善绘画，用笔放纵，水墨淋漓，对后来大写意画影响颇大。徐渭存世的蟹诗蟹画很多，蟹诗或抒写嗜蟹之情，或讥讽社会现象，其中《黄甲图》《酒蟹》等作颇为著

图 4-1　徐渭《黄甲图》

名，无不充满生趣。

《黄甲图》构图简洁，布局巧妙，蟹不在画眼却依然是画眼。徐渭用恣意的笔墨状写疏落的秋荷，勾画螃蟹逡逡爬行的姿态，大片留白表现秋水，非常生动谐趣。图中水墨加入适量胶，水墨晕染而凝重。蟹着笔不多，然而浓、淡、枯、湿、勾、抹、点多种笔法自如，形态、质感、神韵相当生动。此图右上有题画诗一首，前已述及，此处从略。

《蟹鱼图》绘有螃蟹与鲤，在左侧有题画诗。画蟹处的题画诗写道，"钳芦何处去，输与海中神"。

项圣谟，秀水（今浙江嘉兴）人，明末清初画家，有《稻蟹图》一画传世，鸟在上压弯了稻穗，下面一只螃蟹伸开八只腿，竖起双螯，极为俊逸。

项圣谟的《稻蟹图》藏于天津博物馆，纸本设色，纵1105厘米、横39厘米。图绘几株成熟的稻穗，上停二雀，一只正在啄食，另一只抬头凝望；地上一只螃蟹，正用双钳夹取

图 4-2　徐渭　蟹鱼图

稻穗。图中稻子枝叶疏落有致，雀、蟹的动作与神态被刻画得栩栩如生。左上作者自题诗道："群雀争飞聚不休，无肠多作稻粱谋。湖田未耨官租急，几许忧勤得有秋。"作者以诗解图，以画咏诗。图中抢食稻穗的雀、蟹，暗喻明末无情贪婪的官绅，全图巧妙形象地反映了统治阶级对农民的巧取豪夺与残酷剥削，寄托了作者对统治阶级的厌恶和对农民穷苦处境的同情。

边寿民，山阳（今江苏淮阴市楚州区）人，自号苇间居士，安贫乐道，清代诗人画家，有一幅传世蟹图，画中一只大螃蟹在草丛中郭索爬动，极富神韵。此外还画螃蟹扇面，题词曰："一只蟹，一瓮酒，借问东篱菊放否？"

图 4-3　项圣谟的《稻蟹图》

郑燮，号板桥，江苏兴化人，清代书画家、文学家，"扬州八怪"之一，画竹堪称一绝，也画蟹，有一幅《写董爱江词意》的画，在黄花、菱莲之中，有只郭索爬行、两螯高举的螃蟹，活泼逼真，极富生意。

郎葆辰，号苏门，浙江安吉人，清代画家。据清代潘焕龙《卧园诗话》云："画螃蟹及小幅折枝，题有小诗，翛然尘俗之外。"据徐珂《清稗类钞》云：安吉郎苏门观察葆辰画蟹入神品，人皆宝贵之，称为郎蟹。

招子庸，字铭山，南海（今广州）人，清代画家。据徐珂《清稗类钞》云：南海招子庸工绘事，画蟹最佳，俨有秋水稻芒郭索横行之致。润有定格，酬不及格者为之画半面蟹，自石罅中微露半体，神采宛然如生，见者皆叹为绝笔。自幼聪敏好学，很早便有画名，与他同时的李长荣有"温郎墨竹招郎蟹"之句，是指温汝遂所画的墨竹，招子庸所画的蟹，都是画中精品。他笔下的群蟹栩栩如生，将江湖所见景物表现得活灵活现，是一件艺术精湛、很具岭南风致的佳作。

齐白石，湖南湘潭人，著名画家，世人皆知其画虾如跃纸上，其实他也是位画蟹大家。齐白石爱吃蟹，爱看蟹，爱画蟹，常在家中养两三只螃蟹，观察它们横行觅食。例如，他曾题画

图4-4　清　招子庸《百蟹图》　美国明尼阿波利斯美术馆藏

蟹跋云："余寄萍堂后石侧有井，井上余地，平铺秋苔，苍绿杂错，尝有蟹横行其上，余细观之，蟹行其足一举一践，其足虽多，不乱规矩，世之画此者不能知"；又云，"借山馆后有石井，井外常有蟹横行于绿苔上，余细观九年，始得知蟹足行有规矩，左右有步法，古今画此者不能知"；又云，"余之画蟹七十岁后第五变也"。可见，齐白石对蟹的观察之深，用功之勤，故笔下画来，似有神助，或水中或地下，均栩栩如生，堪与其虾画媲美。

朱屺瞻，江苏太仓人，著名画家，擅长山水和花卉蔬果，蟹画也形神逼肖。有一幅《蟹肥酒香》，盘子里几个螃蟹，红色的背甲步足，白色的蟹脐，黑色的突眼，旁边一把壶，两杯酒，仿佛散发着一股香气，谁见了都会眼馋、嘴馋。

丰子恺，浙江省嘉兴市桐乡市石门镇人，中国现代画家、散文家、美术教育家、音乐教育家、漫画家、书法家和翻译家。亦有蟹画传世，如《秋饮黄花酒》等。

唐云，浙江杭州人，现代书画家，擅花鸟，尤擅兰竹，蟹画也神态生动，其中一幅《坛酒四蟹》，作于粉碎"四人帮"之初。芦芒在《唐云花鸟画集·序》中说：当那个举国振奋的消息被人们奔走相告的时候，唐云以火一般的热情即夜画出了一坛酒和四只螃蟹……好像亲眼见到唐云捧坛豪饮，犹似听见他内心深处的笑声。

黄永玉，湘西凤凰县土家族人，是位艺术领域的多面手。1976年，"四人帮"刚被粉碎，他挥笔画了一幅《捉蟹图》送给叶剑英元帅，表达了他对捉蟹人的崇敬，和对"三公一母"四个横行霸道家伙的愤懑。

第二节　工艺品中的蟹文化

　　螃蟹青背、白肚、八脚、双螯，似圆若方的身子，郭索横行的姿态，激发了各种艺术品、工艺品的创作灵感，把它作为创作对象，演绎出林林总总的艺术品。

　　木蟹：用黄杨木、檀木、鸡翅木等雕制螃蟹，木质纹理加上柔和色调，便于精细刻画、刚柔相济，常常别有一番韵味。

图 4-5　紫檀木雕制的蟹笼

图 4-6　黄杨木雕制的河蟹

竹蟹：竹材坚韧，刚中有柔，用竹雕刻成各类工艺制品是竹文化一绝。据清代褚人穫《续蟹谱》："金陵濮仲谦，以竹制一蟹一蝉，情态逼肖，置之几上，蠕蠕欲动。"濮仲谦是明代中期金陵竹雕流派的代表人物，他的这只竹蟹可谓是中国民间艺术的瑰宝。

玉蟹：君子比德与玉。中国人自古喜爱玉。玉是一种温润有光泽的美石，琢玉成器由来已久，品种繁多，受人喜爱，其中不乏巧夺天工的玉蟹作品。据清代纪昀《阅微草堂笔记》载，"五十年前，见董文恪公一玉蟹，质不甚巨，而纯白无点瑕，独视之亦常玉，以他白玉相比，则非隐青，即隐黄隐赭，无一正白者，乃知其可贵。顷与柘林司农话及。司农曰：公在日，偶值匮乏，以六百金转售之矣。"纪昀对此玉极为赞赏：色泽温润、洁白无瑕，相比而言其他白玉要么隐隐有青色，要么隐隐透着黄色或赭色，而它是正白的。纪昀只提到玉料纯正，用这块白玉所雕螃蟹不得而知，不过可以推想，以这块价值六百金的美玉所雕螃蟹，定出于精工巧匠之手，一定活灵活现、栩栩如生。

民国时期有一则因蟹得玄玉的奇闻。据民国时期刘大同《古玉辨》载："少时与族兄西岩同学，夏日同浴于小浯河之龙湾。西岩好食蟹，每于石洞中捕之，忽得一蟹甚巨，其甲钳一小石，黑如琥珀之坚光，极空灵，疑为寻常之牛角石，既审视

图 4-7　玉蟹

有花纹，极精细，乃一玉压脐耳。余索持之，经两月余，不知失落何处，迄今思之，殆所谓澄潭水钦？"螃蟹的钳子竟钳着一块精细有花纹的黑玉，令人惊奇。

金属蟹：上海书画名店朵云轩和食蟹名店王宝和大酒店，时有铜制螃蟹出售，其背如真蟹凹凸起伏，其步足弯折有力，其螯雕琢如毛茸茸状，其眼窝凹进，双眼凸立，鲜活灵动如真蟹，铸造工艺精美。

图 4-8　上海王宝和展示的铜蟹（左）和镶嵌玉石的金属蟹（右）

人造琥珀蟹：用现代工艺将"扣蟹"大小的河蟹包于有机材料中，形成人造琥珀蟹。不仅好看可以做装饰或镇尺用，而且不易腐败，方便作为标本教具，介绍河蟹的生物学形态。

图 4-9　人造琥珀蟹

绒毛卡通蟹：用绒布制作的"绒毛卡通蟹"，憨态可掬，招人喜爱。

图 4-10　绒毛卡通蟹

蟹砚：砚是中国文人喜爱之物。据郑逸梅《天花乱坠录》第 108 条说："老舍于北京琉璃厂购得李笠翁书画砚，砚为长方形，殊古质，盖上镶嵌一玉螃蟹，耐人玩赏。老舍下世，由其夫人胡絜青珍藏。"李笠翁即李渔，为清初多才多艺的名士，嗜蟹。他的砚台竟设计有一方盖，盖上爬着一只嵌玉螃蟹，可谓巧夺天工。

图 4-11　蟹砚

蟹杯：据明代顾起元《说略》："蟹杯以金银为之，饮不得其法，则双螯钳其唇，必尽乃脱，其制甚巧。戴石屏诗落木三秋晚，黄花九日催；何当陪胜践，共把蟹螯杯。"金杯银杯较为常见，这金银蟹杯却很稀罕，更稀奇的是以蟹杯饮酒如使用不当，蟹杯的双螯会钳住嘴唇，只能干杯之后才松开。这蟹杯不仅是用金银打造的饮具，而且颇为机巧。

青瓷蟹篓尊：中国陶瓷史悠久，瓷器品类繁多。著名陶都宜兴，曾烧制称作"蟹篓尊"的青瓷工艺品，一只大螃蟹一边钳着田螺欲食，一边爬行在扁圆形的蟹篓上，造型栩栩如生，布局巧妙生动，釉色点缀恰到好处，算得上瓷器中的珍品。

蟹根雕：上海根雕艺术家胡仁甫，曾创作一件作品《晚秋蟹恋》，两只肥硕的秋蟹爬行在树根制成的漆盘内，一大一小，一雄一雌，形态逼真、妙趣横生。据说作者某年在浙江富春江边的一座小山上，挖到一外观奇特的树根，除去泥土远观近看很像一只"蟹"，便带回上海去皮、剔污，雕成一只雄蟹。其后，感到这只蟹有点孤单。次年，又下桐庐挖了4天地皮找到另一块树根，回程时反复观察琢磨，把这段树根雕成一只雌蟹，一段蟹恋根雕就应运而生。

蟹灯：江苏昆山巴城镇有位工艺巧匠汪菊林，扎制的蟹灯堪称一绝。巴城是阳澄湖大闸蟹之乡。汪菊林对大闸蟹的形态、肢节、行动等如数家珍。他精心构思，扎制大闸蟹，个头硕大、形态各异，特别是蟹螯和蟹脚的关节都能活动，用几根细线穿扎在竹竿上，可以像牵线木偶一样活灵活现。①

---

① 钱仓水.说蟹［M］.上海：上海文化出版社，2007：320—323.

第三节　雕塑中的蟹文化

崇明过去的殷实之家，住宅四周建有水道，既美观又可防盗。崇明高家庄生态园还原了崇明高家老宅的传统面貌，三面环水，一面临湖，高大的门楼、漆黑的大铁门、瘦长的小院子、结实的青石板路、郁郁葱葱的花草树木，环境非常优美。在高家庄生态园内，设有《蟹王雕塑》，左右有两只体型巨大的蟹王，中间放着一只大蟹篓，上面爬着一些体型较小的蟹雕塑。整个雕塑颇有视觉冲击力，洋溢着江南水乡"秋风起，蟹脚痒"的浓浓秋趣。

图 4-12　崇明高家庄生态园蟹王雕塑

芜湖滨江公园位于安徽省芜湖市西侧长江沿岸，北起芜湖造船厂，南至鲁港大桥，现存古建筑中有中江塔、天主教堂、海关大楼等。在滨江公园一角，设置着 5 只铜螃蟹雕塑，似乎从江水中刚刚爬出来，既郭索横行又颇为小心翼翼。

图 4-13　芜湖滨江公园螃蟹雕塑

　　巴解园位于苏州昆山马鞍山西路 888 号，原名阳澄湖水上公园。2015 年，为凸显"蟹文化""水文化"，弘扬"天下第一吃蟹人——巴解"敢为天下先的勇气，巴城政府将原"阳澄湖水上公园"更名为"巴解园"。"不到庐山辜负目，不食螃蟹辜负腹"，是苏东坡对阳澄湖大闸蟹的赞美。巴解园中有众多和蟹有关的雕塑。

图 4-14　巴解园中的荷蟹（和谐）石雕

图 4-15　巴解园中的招财进宝雕塑

图 4-16　巴解园中的传芦雕塑，寓意金榜题名

　　巴解园内 2017 年曾建有一个巨型螃蟹建筑，据称拟建史上最大的阳澄湖大闸蟹生态馆。这只"巨型大闸蟹"设计有三层空间，意欲建成为一个集休闲、娱乐于一体的大闸蟹生态馆，远远望去，这只"超级大闸蟹"如蟹王般护卫着阳澄湖。

图 4-17　2017 年在巴解园调研时，园内在建一长约 75 米、
高约 16 米的"超级大闸蟹"建筑

图 4-18　2020 年 1 月再度调研巴解园时发现"超级大闸蟹"
建筑已被改建为一座四角亭

第五章　食蟹文化

河蟹营养丰富、肉味鲜美、膏黄丰满，被嗜蟹者称为"天下第一美食"。历史上不少文人墨客拜倒在"无肠公主""无肠公子"门下，养成一套选蟹、蒸蟹、品蟹、写蟹、画蟹的佳话，铸就了中国食蟹文化的隽永篇章。

第一节　食蟹简史

河蟹属于高蛋白质、低脂肪食物，且含有较多维生素A、维生素B_2、维生素E等，以及钙、钠、镁、硒、锰等微量元素，很早就成为中国人盘中的美食佳肴。

一、食蟹小史

早在五六千年前的崧泽文化和良渚文化时期，居住在阳澄湖畔的先人们就懂得捕蟹煮食了。新近一些远古考古遗址发现有河蟹骨骼遗存。这表明中华民族很早就懂得吃蟹，食蟹历史十分悠久。

史载西周时已有吃蟹记录。《周礼·天宫·庖人注》："青州之蟹胥"。蟹胥是将蟹肉腌制后收藏起来，即螃蟹酱，当时作为贡品供周王食用。北魏贾思勰在《齐民要术》中，介绍了腌制螃蟹的"藏蟹法"。南北朝时出现糖蟹吃法。唐宋时糟蟹、蜜蟹、醉蟹已成贡品。唐代陆龟蒙曾著有《蟹志》，对河蟹的生殖洄游和索饵洄游已有初步认识。唐代大诗人李白将品蟹豪饮引为人生快事。北宋的苏东坡和他的学生黄庭坚，都非常喜欢吃蟹。

宋代傅肱的《蟹谱》、南宋高似孙《蟹略》是中国历史上最早的两本关于螃蟹的著作。在这两本研究宋代及以前蟹文化的著作，介绍了多种精美蟹馔。具体如下：

一是持蟹供，就是把河蟹放在水里煮熟，佐以调料，食客一起把酒持蟹。这种吃法原汁原味，与今天蒸蟹食法相差无几。

二是尤可饕，是一种以蒿为辅料的蟹羹。

三是洗手蟹，把蟹拆成块，拌上酒、盐、梅、姜、橙，腌上一段时间，洗净手即可食用。

四是蟹生，把生蟹剁碎，佐以麻油熬熟，加上草果、茴香、砂仁、花椒、水姜、胡椒末儿，再辅以葱、盐、醋共十味，放入蟹内拌匀，即成。

五是酒蟹，12 月用清酒和盐把蟹浸过夜，取出河蟹所排污秽，再添入花椒和盐，另外选干净器皿加一些酒，倒入原来浸蟹的汁液一起烧开，冷却后将蟹完全浸没其中。

六是醉蟹，用糟、醋、酒、酱各一碗，以蟹多寡加适量盐腌制，或者按酒七、醋三、盐二的比例腌制。

七是糖蟹，在唐代糖蟹已是地方贡品，及至宋代备受欢迎。

八是蟹酿橙，选用已经黄熟并且带两瓣叶片的大橙子，切下顶部，挖去肉瓤，留些许橙汁，然后填满蟹黄蟹肉，再盖上切下的带叶子的橙子顶部，放入蒸锅里加酒、醋、水蒸熟。吃时蘸醋、盐，清香宜人。

九是蝤蛑签，这是用蟹肉制成的酱。（蝤蛑为梭子蟹，属海蟹，不是河蟹）

元人爱食煮蟹，明清喜食蒸蟹和糟蟹，并沿用至今。

明末清初食蟹名家张岱认为："食品不加盐醋而五味全者，无他，乃蟹。"他在《陶庵梦忆》中写道："河蟹十月与稻谷俱肥，壳如盘大，而紫蟹巨如拳，小脚肉出，掀起壳，膏腻不散，甘腴虽八珍不及。"

明末清初的李渔，前文曾经介绍过，有"蟹仙"之称，自言："螃蟹终身一日皆不能忘之，至其可嗜、可甘与不可忘之故，则绝口不能形容之。"每当新蟹上市，他就边尝鲜边买蟹制成醉蟹、糟蟹入瓮，以备常年有蟹可吃。他在《闲情偶寄·饮馔部》中说："予于饮食之美，无一物不能言之，且无一物不穷其想象，竭其幽渺而言之。独于蟹螯一物，心能嗜之，口能甘之，无论终身，一日皆不能忘之；至其可嗜可甘与不可忘之故，则绝口不能形容之。此一事一物也者，在我则为饮食中之痴情，在彼则为天地间之怪物矣。"

清末民初著名学者章太炎的夫人汤国黎，曾说："不是阳澄蟹味好，此生何必住苏州！"短短 14 个字道出对河蟹的至爱。

鲁迅曾说："第一次吃螃蟹的人是很可佩服的，不是勇士谁敢去吃它呢？"但凡螃蟹上市之季，他总会买些来吃，有时还请其弟周建人一家一起品蟹。据《鲁迅日记》，1932 年 10 月鲁迅曾 3 次记述"三弟及蕴如携婴儿来，留之晚餐并食蟹。"他还曾吩咐许广平选购阳澄湖大闸蟹，赠送日本朋友镰田、内山完造。

围绕品蟹食蟹，民间有不少谚语，如"虾荒蟹乱""秋风起、螃蟹肥，西风响、蟹脚痒""小雪前、闹踵踵，立了冬，影无踪""寒露发脚、霜降捉着""九雄十雌""九月团脐十月尖"等等。语言质朴生动，生活气息浓郁，体现了民间百姓对河蟹习性的了解。

传说吃蟹精细莫过于上海人。有段故事说有个上海人准备乘火车到北京去。那时的火车还不是如今的动车，一路过去要十几个小时。这人上车前买了一只红彤彤的大闸蟹，随着列车一边行进一边细细品味，仔细到把蟹壳上的肉也一一刮食干净，如此每停靠一站，他刚好吃完一只蟹腿。就这样一站一站一直

第五章　食蟹文化

到北京，他才把这只大闸蟹吃个干干净净。这则故事意在描写上海人做事精细，却也从一个侧面反映了上海精致讲究的食蟹文化。

大闸蟹也曾见证历史大事。1998年10月14日17时35分，上海和平饭店的螃蟹宴就见证了"汪辜会谈"。这一天，和平饭店和平厅迎来海峡两岸关系协会会长汪道涵和台湾海峡交流基金会董事长辜振甫。此次"汪辜会谈"备受中外瞩目，吸引了世界各地112家新闻机构共464名记者报道，尤其是台湾记者有183人之众。汪道涵向客人介绍说："这座饭店历史悠久，她有一些阿拉伯等国家的特色房间，这个餐厅保持了原样。"辜振甫也回忆起17岁时入住和平饭店的情景，时隔65年故地重游感触颇深。会谈结束后，汪道涵在九霄厅宴请辜振甫一行。时值金秋时节，正是吃蟹的好时光，席间上了极具特色的阳澄湖大闸蟹。饭店挑选了半斤重的一雌一雄供客人享用，并准备了吃蟹工具——小铜垫、小铜锤。辜夫人胃口小，又把一只蟹留给其先生吃。他53年后重回大陆，吃到正宗的大闸蟹，过了把快活的蟹瘾。

前已述及，历代咏蟹诗文众多。此处再另外摘取一些有关食蟹的诗文分享如下：

晚唐诗人皮日休《咏螃蟹呈浙西从事》：

> 未游沧海早知名，有骨还从肉上生。
> 莫道无心畏雷电，海龙王处也横行。

北宋诗人黄庭坚《谢何十三送蟹》：

> 形模虽入妇女笑，风味可解壮士颜。
> 寒蒲束缚十六辈，已觉酒与生江山。

南宋诗人杨万里《糟蟹六言二首其一》：

> 霜前不落第二，糟馀也复无双。
> 一腹金相玉质，两螯明月秋江。

南宋诗人陆游《今年立冬后菊方盛开小饮》：

> 传芳那鲜烹羊脚，破戒尤惭擘蟹脐。
> 蟹肥暂擘馋涎堕，酒绿初倾老眼明。

南宋诗人方岳《水调歌头·九日醉中》：

> 左手紫螯蟹，右手绿螺杯。
> 古今多少遗恨，俯仰已尘埃。
> 不共青山一笑，不与黄花一醉，怀抱向谁开。
> 举酒属吾子，此兴正崔嵬。
>
> 夜何其，秋老矣，盍归来。
> 试问先生归否，茅屋欲生苔。
> 穷则箪瓢陋巷，达则鼎彝清庙，吾意两悠哉。
> 寄语雪溪外，鸥鹭莫惊猜。

南宋张九成《子集弟寄江蟹》：

> 吾乡十月间，海错贱如土。
> 尤思盐白蟹，满壳红初吐。
> 荐酒欸空尊，侑饭馋如虎。

别来九年矣，食物那可睹。

蛮烟瘴雨中，滋味更荼苦。

池鱼腥彻骨，江鱼骨无数。

每食辄呕哕，无辞知罪罟。

新年庚运通，此物登盘俎。

先以供祖先，次以宴宾侣。

其馀及妻子，咀嚼话江浦。

骨淬不敢掷，念带烟江雨。

手足义可量，封寄无辞屡。

近现代大画家齐白石，写有两首题画蟹，字里行间也透露着对蟹的喜爱：

老年画法没来由，别其西风笔底秋。

沧海扬尘洞庭涸，看君行到几时休。

处处草泥方，行到何时好？

昨岁见君多，今年见君少。

二、蟹肴制法

（一）煮/蒸大闸蟹

煮蟹、蒸蟹是最常见的两种吃法，此处多费些笔墨。

煮蟹是历史较久的吃法。宋傅肱《蟹谱》："《御食经》中亦有煮蟹法。"元代倪瓒《云林堂饮食制度集·煮蟹法》写到"用生姜、紫苏、橘皮、盐同煮"，为的是去寒除腥添鲜增味。明代宋诩《宋氏养生部·烹蟹》提出"冷水烹"，即逐步加热会使肉质更嫩。明代顾元庆《云林逸事》则说水要旺，水要沸透数次。以苏州为吴语区人，把煮蟹叫做"煠蟹"，"汤煠而食，谓之煠蟹"（清袁景澜《吴郡岁华纪丽·十月·煠蟹》）。煮蟹有直接将蟹放锅里煮的，也有将捆扎的大闸蟹放入水中煮的。

煮蟹时，在水中加少量紫苏、杭菊、姜片和黄酒。若是扎好的河蟹，待水沸腾后，再将蟹放没于水中。三两蟹一般用中火煮沸 8 分钟，熄火后再焖 2 分钟；四两蟹用中火煮沸 10 分钟，熄火后再焖 2 分钟。如果是没有捆扎的河蟹，在烧水前即将河蟹放入水中，浸没河蟹三分之二。待水煮沸后，三两蟹用中火煮沸 8 分钟、四两蟹煮沸 10 分钟即可。煮蟹的优点是蟹肉含水量适中，味道鲜美。不足是会流失少量蟹黄、蟹膏以及容易溶解于水的氨基酸等营养物质。

蒸蟹是如今最为常见，也是最原汁美味的做法，起于明末，至清后逐步流行。《红楼梦》第三十八回"螃蟹不可多拿来，仍旧放在蒸笼里，拿十个来，吃了再拿"，说明用的是"蒸法"。如今蒸蟹，取大闸蟹若干只，准备适量葱段、姜末、柠檬、米醋、糖、啤酒。将柠檬去皮取肉，放入榨汁机榨汁，取出，加入米醋、糖、姜末混合调匀，制成酸甜汁。将葱段、姜末放入装有大闸蟹的盘中，待水煮沸后，三两蟹一般中火蒸 12 分钟，四两蟹蒸 15 分钟。待蟹出锅，将啤酒淋在蟹身上，浇上酸甜汁上桌即可。这种做法，河蟹色泽红亮、肉质细嫩。也有不放佐料，将大闸蟹直接放入蒸锅隔水蒸熟而食的，谓之"清蒸蟹"。这样可以保住河蟹水分。蒸制的优点是，制法简单，营养不流失，味道鲜美，蟹黄蟹膏味道较浓，芳香扑鼻。不足是蟹肉含水量偏少，若蒸煮时间过长，蟹肉会显得比较粗。

煮蟹、蒸蟹之争喋喋不休。清代诗人、散文家、文学评论家袁枚是主张"煮蟹"的代表人物，认为"最好以淡盐汤煮熟""蒸者味虽全，而失之太淡"。鲁迅在《论雷峰塔的倒掉》也说，"吴越间所多的是螃蟹，煮到通红之后"云云。清瀛若氏《三风十愆记·记饮馔》记载了由煮到蒸的变化，他说，"蟹向用煮，不知何人以煮则黄易走漏，味不全，忽起巧思，用线缚入蒸笼蒸之，味更全美，期足饫矣"。民国王梅璟《蟹杂俎》也说，"煮之不如蒸之，煮之则膏黄外溢，水分内侵，味稍薄矣"。要说主张蒸蟹最有名的代表，当属李渔。李渔在《闲情偶寄·蟹》里主张吃蟹要"蒸"，认为"蒸而熟之"不失蟹的"真味"。他说："蟹之为物至美，而其味坏于食之之人。以之为羹者，鲜则鲜矣而蟹之美质何在？以之为脍者，腻则腻矣而蟹之真味不存。更可厌者，断为两截，和以油盐、豆粉而煎之，使蟹之色、蟹之香与蟹之真味全失。[……] 蟹之鲜而肥，甘而腻，白似玉而黄似金，已造色、香、味三者之至极，更无一物可以上之。"

对如何蒸，清顾仲《养小录·蟹》的记载颇为考究，他说："宜以淡酒入盆，略加水及椒盐、白糖、姜葱汁、菊叶汁，搅匀，入蟹，令其饮醉不动，方取入锅"，然后"法以稻草捶软，挽扁髻，入锅平水面，置蟹蒸之，味足"。如今蒸蟹，早以用笼屉代替了稻草扁髻。袁枚和李渔代表了对"煮"或"蒸"的不同见解，尽管主张不同，但都极尽蟹之美味。然而，客观而

图 5-1　清蒸大闸蟹

论，蒸蟹不渗水，不漏黄，味更全，味更足，更加原本，更加鲜美。①

（二）醉蟹

传说唐伯虎曾画过一幅《醉蟹图》，苏州厨师灵机一动制成醉蟹应市，流传开来。

选一两半至二两左右阳澄湖雌蟹 20 只，用苏州特产福珍酒 1000 克，绍兴酒 1500 克为原料，加入食盐 250 克、花椒 5 克、生姜 100 克、橘皮 50 克。将蟹冲洗干净，滤干水，放入干净的深甏内，以盆压住。将福珍酒、绍兴酒加盐溶化后，倒入蟹甏内（须使酒浸没蟹身），再放上花椒、生姜、橘皮，加盖密封 7 天后即可食用。若天气炎热，此过程可缩短至 3 天。食时先将蟹切开，除去蟹脐等秽物，略洗原卤，切成小块取食。其味酒香浓郁、肉嫩黄足、味极鲜美、别具特点！

为了防止寄生虫等食用风险，如今多用蒸熟的大闸蟹来做醉蟹，甚是鲜美。

（三）芙蓉蟹斗

20 世纪 30 年代，上海地区吃蟹一般煮或蒸。每每金秋时节，饭馆、酒店、熟食店都挂牌供应大闸蟹。后有人嫌用手吃蟹繁琐且不卫生，以经营蟹宴闻名的"王宝和"酒家，就请人剔出蟹肉，烹制"翡翠虾蟹""蟹油龙卷"等佳肴。其中，"芙蓉蟹斗"成为上海一道特色历史名菜。该法是将大闸蟹洗净、蒸熟、拆出蟹粉，然后取蛋清打成蛋糊。将锅烧热后放入生油，以姜末煸香后再放入蟹粉煸透，佐以调料炒透。然后，将炒好的蟹粉纳入蟹壳，用蛋糊封好，再放入油锅内过几分钟，捞出即成。

（四）秃黄油

秋末冬初，河蟹黄足膏满、蟹油如胶。此时取蟹黄、蟹油

① 钱仓水.中华蟹史［M］.桂林：广西师范大学出版社，2019：479—481.

同烹，苏州称"秃黄油"。"秃"为苏州方言，略同独，意思是不用蟹肉，独用蟹黄、蟹油，故为蟹肴上品。有诗赞道："黄油盈冰盘，蟹味惊四座。嫩玉娇欲滴，今脂香犹软。"

（五）芙蓉蟹糊

"芙蓉蟹糊"是在"蟹粉汤"的基础上略加改进而成。即改汤为糊，配料主要为鸡蛋清，使嫩蛋白凝作雪片状，沉浮于蟹糊中，口感鲜美不失淡雅。

（六）蟹酿橙

选带两片叶子的大熟橙，切下顶部去瓤，留少许橙汁，取大闸蟹的黄、肉塞入其中，再将所切顶部封口，放入蒸锅中，加酒、醋、水蒸熟。品尝时蘸醋、盐，清香醇厚，亦颇有雅趣。

蟹肴蟹食品类繁多，除上所述，还有锅烧蟹粉、煎蟹盒、炒蟹粉、蟹粉小笼包、蟹粉馄饨、蟹粉生煎等，此处仅列举几味抛砖引玉。

第二节　选蟹品蟹

河蟹味好，选蟹也是门学问。有经验的食家，自有一番心诀。这里简要介绍几点通用经验。要选好蟹，一般须注意以下四个方面：

一、选蟹之法

（一）观察外形

河蟹外形完整、色泽饱满。如果是未捆扎的河蟹，看起来活跃、运动自如、孔武有力的是好蟹。如果是捆扎好的河蟹，可观察其触角和眼睛是否转动自如。河蟹甲壳颜色受其生活环境影响存在一定差异。其背甲颜色常常与生活环境相似，作为保护色赖以躲避敌害或隐伏猎物。一般而言，河蟹背甲呈草绿或青绿色，腹面白色无污迹，表明该蟹生活于水草丰茂、水质良好的水域，为蟹中上品；假如河蟹的背甲呈墨绿色，腹部污迹较多，则多出产于河道或水草较少水域，其品质为中等；倘若河蟹背甲为乌黑色，腹部也较乌黑，表明该河蟹多生活于草少水滞的池塘，蟹的品质相对较差。

（二）触知体况

挑选河蟹时，可以通过触摸方式，了解河蟹的基本情况。比如通过触摸感觉河蟹甲壳的软硬程度，健康河蟹甲壳一般会长得结实有力道；也可以轻轻捏捏蟹腿，好蟹的蟹腿，内容物饱满，蟹腿坚实，腿上的金毛有弹性。即使捆绑好的河蟹，触摸时其口边的大颚、触角和眼睛会频繁活动，口吐泡沫量增加，表明该蟹体格健硕、状态良好。

（三）掂量体重

体重是河蟹品质的重要指标之一。体型同等大小的河蟹，掂上去较重的表示更加丰满，感觉有些轻飘的，说明被提前打捞上市，身体尚未长结实，内容物不足，自然食用口感要打折扣。

（四）检查腹口

河蟹背甲与腹甲结合的地方被称为腹口，也就是河蟹的头胸甲与尾部的结合部分。腹口"开门"越大，说明河蟹的肥满度越高，蟹膏（即河蟹的性腺）发育较好。

民间吃蟹高手，总结出"四字选蟹法"，即"看、捏、掂、比"：

看，即看体色。体色清爽饱满、背青腹白者为佳。

捏，即捏蟹脚。蟹脚结实有力，腿毛金亮、富有弹性者为上。

掂，即掂轻重。同等大小的河蟹，体重大者表示蟹体丰满，品质较高。

比，即看腹口。腹口"开门"大者，表明肥满度较高。

购回河蟹后，先将蟹放入暴氯的水中（事先盛好自来水，放置一两天即可）。若干分钟后，再将蟹取出放入容器，置于3—8℃冰箱冷藏室即可。每隔1天洒上少量水，保持蟹体湿润。这种方法可以贮藏一周左右。

二、食蟹步骤

河蟹虽个体不大，却集中了多种舌尖上的口感。俗话说："螃蟹上桌百味淡。"唐代诗人卢纯曾说："四方之味，当许含黄伯（含黄伯，即指河蟹）为第一。"蟹有"四味"，即蟹肉一味、蟹黄一味、蟹膏一味、蟹仔又一味。而对于白嫩的蟹肉，又可以分为"四味"：大腿肉纤细莹白，肌纤维较短，味道类似干贝；小腿肉肌纤维较长、口感细嫩、味若银鱼；蟹身上的肉，洁白莹润、节块宽大、鲜美甘香；蟹螯上的肉，肌纤维较粗，但甘甜醇香。蟹黄馨香浓郁、回味绵长。蟹膏堪称蟹味之绝，满口生香。蟹仔晒干后可谓食中珍品，妙不可言。①

（一）吃蟹十步法

河蟹味道鲜美，品尝亦颇讲究。如果像"牛吃蟹"一样乱嚼一气，常被戏笑为乱嚼"螃蜞"。有人总结出"吃蟹十步法"，看似程序有点多，其实趣味横生，令人浑然不觉：

1. 剪蟹脚、蟹螯。

2. 去蟹脐、揭蟹盖。

3. 剪去口器和鳃。

4. 挑除心脏（灰色，呈六角形，俗称"六角虫"）。

---

① 曹继磊.大闸蟹的蟹文化［J］.中国食品，2011，22：86—87.

5. 品尝蟹黄或蟹膏。此为河蟹至美，须趁热吃最好。

6. 吃蟹盖。不要弄破中间呈三角锥形的蟹胃，可先摘除。

7. 把蟹身掰成两半。顺着蟹脚一节节掰开，拆出蟹肉食用。

8. 把蟹腿剪成三截，可用蟹脚尖捅出蟹腿肉食用。

9. 将蟹螯分成三段，两小段可直接剪开食用，掰开蟹螯上下钳，用蟹钳夹开螯掌食用。

10. 洗手（可用菊花水清洗，去腥），再喝一杯温热的黄酒或姜茶暖胃。

首次吃蟹的人，一般会先吃蟹肉，然后再吃蟹黄蟹膏。上面所述"吃蟹十步法"，建议先吃蟹黄蟹膏。蟹黄蟹膏是河蟹至美之物，趁热吃口感最佳，冷了风味损失大半。打开蟹盖后，去除蟹肺、蟹心、蟹胃和蟹肠，将蟹身掰成两半。如是雌蟹，可以吃到橙黄色的蟹黄和橙红色的蟹膏，要是雄蟹可以吃到橙黄色的蟹黄和白玉般的蟹膏。

吃蟹腿需要耐心。蟹腿有八只。吃蟹腿时，可用剪刀将蟹腿剪成两口开口的小段，然后用小铁杆捅出蟹肉品尝。有经验的吃家，也会用蟹脚尖帮助取肉，效果一样很好。蟹螯里的肉较多，但是外壳较硬，一般要掰开蟹螯的上下钳，用蟹钳夹开蟹螯的螯掌，然后取肉品食。

古往今来，人们把吃蟹、饮酒、赏菊、赋诗，作为金秋一大快事。大家相约而聚，有说有笑，成就一席"螃蟹宴"。明代太监刘若愚在《酌中志》卷二十饮食好尚纪略中记载了明代宫廷八月螃蟹宴："始造新酒，蟹始肥。凡宫眷内臣吃蟹，活洗净，蒸熟，五六成群，攒坐共食，嬉嬉笑笑。自揭脐盖，细将指甲挑剔，蘸醋蒜以佐酒。或剔蟹胸骨，八路完整如蝴蝶式者，以示巧焉。食毕，饮苏叶汤，用苏叶等件洗手，为盛会也。"明人秦兰徵的《天启宫词》写道："海棠花气静霏霏，此夜筵前紫蟹肥。玉笋苏汤轻盥罢，笑看蝴蝶满盘飞。"《红楼梦》贾府里的螃蟹宴，更让刘姥姥不由惊叹："一顿螃蟹宴就够我们庄稼人过一年！"

（二）食蟹工具

明代的能工巧匠，制作出一套精巧的吃蟹食具——"蟹八件"。据《考吃》记载，"蟹八件"由锤、镦、钳、铲、匙、叉、刮、针8件工具组成，后来又扩展到12件等。"蟹八件"多用铜制作，考究的以银制。餐桌上8件工具交叉使用，不仅可以尽享河蟹美味，而且平添了几分文雅。

在苏州，过去还常以"蟹八件"作嫁妆。传说清末苏州阊门有位富商的千金要出嫁。按旧时民俗，发妆前一日要用红绸装饰嫁妆，依次摆在大街上以飨街邻。众人看后啧啧称赞，富商听得美滋滋的。此时，有一个工匠却说道："嫁妆九十九样，假使再添一样'蟹八件'，就完美了！"富商听到后觉得在理，当即请工匠连夜打制"蟹八件"。次日大喜之日，书有"飞黄腾达"的"蟹八件"颇受青睐。此后"蟹八件"就成了苏州女子的嫁妆。

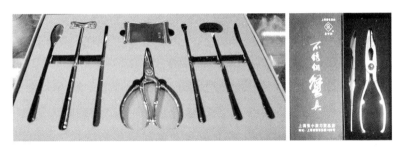

图5-2 上海张小泉刀剪总店生产的"蟹八件"（左）和"蟹两件"（右）

（三）吃蟹余兴

吃完河蟹后，蟹宴经常还会继续，有各种余兴节目。

剔胸骨制蝴蝶。明代宫眷蟹会，后、妃、公主与宫女们，为排遣解闷，用指甲剔胸骨，使其呈蝴蝶样。螃蟹胸骨似圆若方，灰白色，形似翅膀，中间胸腔犹如蝶身，一眼望去，颇像只白蝴蝶。

捉法海和尚。将蟹胃打开，可见里面有一个黑色、光头、罗汉模样的构造，被称为"蟹和尚"，民间传说是拆散许仙和白娘子的法海，因"水漫金山"而躲避于此。人们吃完螃蟹，每每要提出"蟹和尚"奚落一番。

寻找六角虫。六角虫是螃蟹的心脏，性寒，不能食，需要剔除。六角虫藏于螃蟹背部正中偏后处。揭开蟹壳之后，在蟹肉背部中央，用牙签轻轻挑拨上面覆盖的一层黑膜，会找到一只灰白色的有六只角的结构。这就是俗称的"六角虫"。民间传说在端午节那天，有一种六角形的毒虫，看到人们所挂钟馗像吓得惊恐万分，又经人们喷出的雄黄酒一熏，情急之下纵身一跃，恰被在屋外觅食的螃蟹逮个正着，一口吞了下去。

用螯片拼蟹蝴蝶。先把雄蟹大螯从蟹身上拆下来，再一手捏住其固定指，另一手捏住其活动指顺势一掰，掰出的筋膜上往往还粘着螯肉，将肉刮食干净，可以发现所掰筋膜呈片状，白而薄、卵圆形，形似蝴蝶的翅膀。重复此法再取出一片，然后背靠背并拢粘在盘底，就拼成一只状似蝴蝶的造型。也可以利用蟹螯上绒毛汁水的黏性，粘贴在墙上或其他什么地方。

吃全蟹拼全蟹。擅长吃蟹的美食家，将螃蟹品食完毕后，把蟹壳、大螯和蟹腿拼到一起，还能还原出一只完整的河蟹。吃蟹可谓吃出了极致。

用戥子称蟹壳。据梁实秋食蟹散文的描写，说小时候家里吃完蟹，要把蟹壳放到戥子上称一下，分量越轻表示吃得越干净，常会得到犒赏。吃蟹吃到壳无余肉，再用戥子称一称，给蟹宴平添不少情趣。

（四）食蟹不宜

螃蟹味美，富含营养和维生素，且有一定药用价值。但是，有些人食蟹后会发生恶心呕吐、腹痛腹泻等症状，因此吃蟹时需留心"八个不宜"：

不宜吃死蟹。河蟹富含优质蛋白质，容易腐化变质。河蟹死后，肌肉蛋白会迅速自溶，微生物滋生，腐败变质，因此食用死蟹，容易诱发呕吐、腹痛、腹泻等症状。新鲜河蟹的背甲呈青黑色，具有光泽，脐部饱满、腹部洁白，而垂死河蟹的蟹背呈黄色，蟹脚较软，翻正乏力。

不宜吃生蟹。蟹的体表、鳃及胃肠道中布满各种微生物和污秽。若蟹未清洗干净，蒸煮不透，或因生吃醉蟹或腌蟹，把蟹体内的病菌或寄生虫带入体内，就容易致病。因此，食蟹务必蒸熟。

不宜吃久放的熟蟹。河蟹宜现蒸现吃，不宜久放。如果一时吃不完，一定要保存在干净、阴凉、通风处，或放入冰箱冷藏室，吃的时候再回锅蒸透。

不宜乱嚼一气。吃蟹时要注意"四清除"：一是清除蟹胃，即口器下方三角锥形的结构，内常含污沙；二要消除蟹肠，在蟹脐内侧中线；三要剔除蟹心（俗称"六角虫"）；四要清除蟹鳃。

不宜食太多。蟹肉性寒，不宜多食，脾胃虚寒者尤要节制，以免引发腹痛腹泻。

不宜与茶同食。吃蟹时和吃蟹后 1 小时内不宜饮茶。这会冲淡胃酸，茶也会凝固蟹的某些成分，不利于消化吸收，严重的会引发腹痛腹泻。

不宜与柿子同食。蟹肥正当柿红时，却不宜一起配食。因为柿子所含鞣酸等物质，容易使蟹肉蛋白变性凝固，不易消化，若长时间滞留肠道会发酵腐败，引起呕吐、腹痛、腹泻等症。

不宜食蟹者。有以下情况的人不宜食蟹：患伤风、发热、胃痛及腹泻者；慢性胃炎、十二指肠溃疡、胆囊炎、胆结石症、肝炎活动期患者；蟹黄蟹膏中胆固醇含量高，患冠心病、高血压、动脉硬化、高血脂的人宜少食或不食；体质过敏者；脾胃虚寒者；孕妇。

第六章　蟹文化资源的应用

中国河蟹产业发展迅速，全国河蟹产量从 1996 年的 6.3 万吨增长到 2018 年的 75.7 万吨，在 22 年里增长了 12 倍。随着河蟹产业链的延伸，走向高质量、多元化发展，对蟹文化资源的创造性转化与利用日益得到重视。

第一节　蟹文化应用与研究

一、蟹文化应用的理论基础

除了渔业经济管理、渔文化、渔业史等知识，文化经济学（Economics of Culture）是蟹文化应用研究的主要理论基础。文化经济学是一门应用型的文化科学和应用经济学，通过探寻文化产业发展的特殊矛盾关系以及文化的生产、流通、分配、消费等环节的运行机制和运动规律，以求在文化现代化和市场经济发展中，按照文化产业运动的特殊规律性，制定科学的文化产业和文化经济政策，促进文化事业和文化产业发展。[①] 文化经济学的主要研究内容是文化生产力诸要素的合理配置、文化经济结构有效调整和文化经济运动规律，通过具体分析文化生产、文化供求、文化消费、文化市场、文化商品、文化商品价格、文化投资、文化发展战略和文化经济管理等内容，揭示文化经

---

① 胡惠林，李康化．文化经济学［M］.上海：上海文化出版社，2003：20.

济自身矛盾运动和发展变化的特殊规律。

文化经济学中比较重要的一个分支学科是文化资源学。它是文化经济学研究的基础，也是文化经济学研究的主要对象。顾名思义，文化资源学是一门研究文化资源的定义、分类、特点、保护、积累、整合、开发和管理以及其发生和发展规律的学科，是一门随着文化产业繁荣发展而衍生出来的交叉应用型学科。文化资源学所研究的文化资源是指凝结了人类无差别的劳动成果和丰富的思维活动的物质、精神的存在对象。[①]它在一定时空条件下可以进行开发，转化为文化资本，创造财富，给人类带来经济效益和社会效益。文化资源按照不同分类标准可以划分为不同类型。按性质划分可分为物质文化资源和精神文化资源；按存在形式划分可分为有形文化资源和无形文化资源；按历时性划分可分为历史文化资源和现实文化资源；按可持续发展划分可分为可再生文化资源和不可再生文化资源。文化资源的开发是指通过劳动加工和创造性转化，使文化资源转化为具有较高文化价值的产品。不过，在开发利用文化资源的同时，做好文化资源的保护是前提，只要这样才能进行合理、有效、持续的创造性开发与利用。

二、蟹文化应用研究的基本情况

文化经济学研究表明，产业发展一旦融合文化要素，常常会创造出更大价值。目前，研究蟹文化与河蟹产业融合发展的文献为数不多。截至 2021 年 9 月 24 日，在中国知网的高级检索中，以主题"河蟹产业发展"并全文含"蟹文化"的检索，相关文献有 43 篇。

---

① 胡郑丽.《文化资源学》学科建设刍议［J］.知识经济，2013（2）：173—174.

有学者提出通过宣传蟹文化，引导消费者消费倾向，促进河蟹产业发展。沈豹、顾爱军提出加强蟹文化的宣传、引导与发展，把河蟹产业发展成为企业文化、产业文化、地域文化、民俗文化、产品文化等文化的整合。[1] 樊宝洪、罗飞、王永明提到要充分发掘和宣传蟹文化，使消费者在食蟹之余领略中华蟹文化的魅力。通过积极引导消费，培育新的产业空间，组织各类推介、展销活动，提高江苏省河蟹品牌知名度，提高河蟹市场竞争力。[2] 江为民、肖光明指出要深入弘扬蟹文化，使蟹文化成为河蟹产业发展的重要支撑力量。[3] 通过舆论宣传倡导河蟹文化，引导人们消费。河蟹养殖企业可以通过制作河蟹商品广告、开发蟹文化产品，以及在蟹文化系列活动基础上举办河蟹节等方式吸引更多人关心支持河蟹产业发展。

有学者主张发展以蟹文化为要素的休闲渔业，走多元化经营之路。王武提出要发展休闲渔业，弘扬蟹文化。他认为目前各地河蟹养殖业发展很快，但与河蟹相关的第三产业发展相对落后，因此要学习江苏利用阳澄湖大闸蟹名牌发展蟹文化及第三产业的经验，充分利用各种条件，发展以蟹文化为主的旅游渔业、休闲渔业，将食蟹提升到蟹文化高度，同时要对品蟹的宾馆或饭店进行蟹文化装潢和布置，营造蟹文化氛围，使消费者不仅能品尝美味，更能得到精神上的满足。[4] 王家军提出应该加强河蟹与民俗文化、地域文化等方面研究，只有把文化融入

① 沈豹、顾爱军.江苏河蟹产业化发展对策 [J].中国渔业经济，2004（6）：48—49.

② 樊宝洪，罗飞，王永明.江苏河蟹产业发展战略研究 [J].中国渔业经济，2005（6）：56—59.

③ 江为民，肖光明.湖南省河蟹产业发展研究 [J].科学养鱼，2009（5）：5—6.

④ 王武.北方稻田养蟹产业发展思路 [J].中国水产，2008（10）：11—13.

产业发展之中，河蟹产业才会有前途。① 战昱达指出发展河蟹休闲旅游，走多元化经营道路。他认为休闲蟹业是河蟹养殖的转型，让消费者从单一的吃蟹发展到品蟹、钓蟹、看蟹、画蟹、咏蟹等以文化为载体的多种体验，这种以养殖、休闲、餐饮和旅游相结合的多元化营销模式有很大的发展空间。②

有学者主张蟹文化与河蟹产业融合发展使蟹文化资源成为河蟹产业发展的重要生产要素。魏然指出应该把大闸蟹产业发展看成企业文化、产业文化、地域文化、产品文化、民俗文化等文化的整合。③ 黄春指出上海宝岛蟹业有限公司为打造都市蟹文化产业，建成蟹文化旅游基地，基地分为蟹的历史文化、科普文化、体验文化、饮食文化以及蟹展示展销馆五大布局。这一做法把养蟹业与拓展旅游产业基地建设相结合，促使养蟹业同旅游产业相互融合、相互促进、优势互补、共同发展。④ 崔婉娜梳理了蟹文化历史与资源状况，就此提出上海河蟹产业发展在开发应用蟹文化资源方面的具体思路：挖掘上海蟹文化资源，分类研究，提炼特色；提升蟹文化资源的创造性转化应用能力，将蟹文化资源融合河蟹产业发展；加强蟹文化资源的推广与普及，营造河蟹及其衍生品消费氛围；构建河蟹产业"科技＋生态＋经济＋文化"的发展格局等。⑤

---

① 王家军.宝应县优质河蟹养殖技术及产业发展对策的研究［D］.江苏：南京农业大学，2010.

② 战昱达.盘锦市河蟹养殖产业 SWOT 分析及战略研究［J］.现代农业科技，2012（13）：308—309.

③ 魏然.进贤县大闸蟹产业发展研究［J］.经营管理者.2014（29）：276.

④ 黄春.依托科技做强河蟹产业［J］.上海农村经济，2014（8）：27—28.

⑤ 崔婉娜.上海河蟹产业发展之蟹文化资源开发应用研究［D］.上海：上海海洋大学，2019.

第二节　上海蟹文化与河蟹产业融合

一、河蟹养殖的发展历史

河蟹养殖，历史悠久。

（一）天然捕捞期

从史前到 20 世纪 50 年代是天然捕捞期。这段时期人们食用河蟹，以从天然捕捞河蟹为主。自人们知道河蟹可食开始，河蟹捕捞业就应运而生。根据南宋高似孙《松江蟹舍赋》中有"其多也如涿野之兵，其聚也如太原之俘"[①] 的记载，可以想象古代蟹群的密集程度。清朝孙之𬴂《晴川蟹录》中记载："元成宗大德丁未，吴中蟹厄如蝗，平田皆满，稻谷皆尽，蟹之害稻，自古为然"[②]"秋雨弥旬，稻田出蟹甚重，剪稻梗而食，陆地草内亦多小蟹"[③]。这些记载说明历史上河蟹的自然资源非常丰富，密集如蝗，如涿野之兵，如太原之俘。

（二）天然增殖期

20 世纪 60 年代中期至 80 年代初期为人工增殖期。20 世纪 50 年代以后，由于捕捞强度逐步加大、捕捞方式不合理以及河蟹生长的自然环境遭到破坏导致中国河蟹年捕捞产量严重下滑，人们逐渐开始由"捕捞为主"转向"养捕结合"，探索河蟹的增殖方法。先是在河口水域捞取天然蟹苗，再投放到内陆湖泊、池塘、水道等水域养大，人工管理投入有限，但由于养殖规模不大，经济效益比较可观。

[①]　高似孙 . 蟹略［M］. 浙江：浙江人民美术出版社，2017：1—39.

[②③]　孙之𬴂 . 晴川蟹录［EB/OL］（2019-3-6）. http://www.guoxuedashi.com/guji/7965d/.

（三）人工养殖期

20世纪80年代初开始至90年代末为人工养殖期。20世纪80年代初开始，由于过度捕捞长江口天然蟹苗资源，导致天然蟹苗资源急剧衰退，而且，湖泊流放的具体操作方式不合理又导致湖泊的生物资源遭到破坏，使河蟹天然增殖的实际效果缺乏可持续性，所以从20世纪80年代后期开始，在河蟹人工育苗技术突破的基础上，中国河蟹产业进入人工养殖期，养殖方式也逐渐多样化，池塘养蟹、网围养蟹、稻田养蟹等相继兴起。

（四）生态养殖期

21世纪以后为生态养殖期。由于追求河蟹产量的快速提升而盲目扩大河蟹养殖规模，导致河蟹病死率不断提高，许多养殖户滥用抗生素及化学药物，严重影响河蟹品质和规格，对河蟹产业的可持续发展造成很大负面影响。进入21世纪后，广大科技人员不断探索河蟹生态养殖技术，养好蟹，出大蟹，使河蟹产业逐步进入环境友好型的可持续发展轨道。

二、上海蟹文化的社会认知情况

上海是蟹文化比较繁荣之地。了解上海蟹文化的社会认知情况，可以"窥一斑而知全豹"，大致判断蟹文化的社会认知水平、蟹文化资源价值潜力及蟹文化今后发展趋势。

为了解上海地区人们对"上海蟹文化"的社会认知情况，本调查采取问卷调查方式，调查范围为上海市的浦东新区、黄浦区、徐汇区和长宁区的消费者，调查对象具体如表6-1所示。此次调查共计发放问卷160份，收回有效问卷155份，采用评分法评价消费者对上海蟹文化（即上海拥有或特有的蟹文化资源）的社会认知情况。如表6-2所示，调查问卷共设计了14个有关"上海蟹文化"知识的问题，对每一问题有1个肯定回答则计1分，依次累加，最后计算出每位消费者对蟹文化的认知

第六章 蟹文化资源的应用

度总得分，总分越高说明消费者对上海蟹文化认知度越高，最高分为22分。

表6-1　上海蟹文化认知调查对象情况表

调查对象	人数（位）	男性比例（%）	女性比例（%）	占总人数比例（%）
企业员工	44	7.74	20.65	28.39
公务员	13	5.81	2.58	8.39
个体户	16	5.16	5.16	10.32
教师	27	5.81	11.61	17.42
学生	23	3.87	10.97	14.84
其他	32	7.74	12.90	20.64
合计	155	36.13	63.87	100

表6-2　上海蟹文化认知情况调查问题一览表

编　号	问　题　内　容
问题1	您知道上海是长江水系大闸蟹的故乡吗？
问题2	您知道上海最早食蟹的记载吗？
问题3	您知道上海简称"沪"的原因吗？
问题4	您了解大闸蟹的养殖过程吗？
问题5	您亲自捕捞过大闸蟹吗？
问题6	您了解大闸蟹的食用方式吗？
问题7	您知道上海的崇明清水蟹？
问题8	您知道大闸蟹的功效有哪些？　1. 美容滋补；2. 预防疾病；3. 活血化瘀；4. 改善眼疲劳；5. 其他
问题9	您听说过上海举办的蟹文化节吗？
问题10	您参加过上海举办的大闸蟹节庆活动吗？
问题11	您了解上海蟹文化的渠道有哪些？　1. 电视；2. 网络；3. 书本；4. 朋友；5. 其他
问题12	您希望有机会学习蟹文化吗？
问题13	您认为蟹文化会促进上海河蟹产业发展吗？
问题14	您支持上海蟹文化资源开发利用吗？

（一）上海蟹文化的总体认知情况

由表6-3可以看出，在所调查的样本中，只有4位教师综合评分达到高水平以上，占总人数的比例为2.58%。综合评分达到中等水平的有24人，占总人数的比例为15.48%。综合评分为低水平以下的有127人，占总人数的比例为85.81%。各消费群体的综合评分为8.25分，属于低水平认知度。这说明上海虽然是河蟹消费的主要市场，但物质消费的意义仍远远大于精神消费的需求，大多数人对蟹文化的认知水平还比较有限。这也启示河蟹产业需要与蟹文化加强融合发展，从而提升产业发展能级，给消费者带来内涵更加丰富的消费体验。

表6-3　上海蟹文化社会认知情况综合评价情况表

职业	得分小于5（极低）	得分6—10（低）	得分11—15（中）	得分16—20（高）	得分大于20（极高）	平均（分）	综合评价
企业员工	4	34	6	0	0	8.09	低
公务员	0	10	3	0	0	8.38	低
个体户	7	9	0	0	0	7.31	低
教师	5	9	9	4	0	10.40	中
学生	7	14	2	0	0	7.00	低
其他	6	22	4	0	0	7.93	低
平均（%）	22.58	63.23	15.48	2.58	0.00	8.25	低

（二）上海蟹文化的基本认知情况

表6-4是消费者对上海蟹文化基本知识的认知情况，可以看出消费者对大闸蟹食用方式的认知程度最高，在被调查的155位消费者中，有129位了解大闸蟹的食用方式，占比约为83.23%。这也反映出上海消费者对于大闸蟹的喜爱程度。消

费者对大闸蟹捕捞认知程度最低，在所调查的样本中，仅有
7.74%的消费者亲自捕捞过大闸蟹。这也说明大部分消费者对
捕蟹方式及捕蟹工具不熟悉。总体来看，消费者对蟹文化基本
知识认知程度并不高，肯定回答超过50%的只有问题3、问
题6和问题7。尽管问题设计存在一定理解弹性问题，但大体
上可以反映人们对上海蟹文化的基本认知情况，即仍存在有待
提升之处。比如"崇明清水蟹"品牌，上海市已推广多年，品
牌声誉和社会知名度很高，但了解这一品牌的消费者未到60%，
说明上海在崇明清水蟹地方品牌建设与推广上，仍需要创新方
式方法，加大宣传推广力度。

表6-4 消费者对上海蟹文化基本知识认知情况调查情况表

问 题 内 容	肯定问答人数（位）	占比（%）
您知道上海是长江水系大闸蟹的故乡吗？	50	32.26
您知道上海最早食蟹记载吗？	20	12.90
您知道上海简称"沪"的原因吗？	79	50.97
您了解大闸蟹的养殖过程吗？	25	16.13
您亲自捕捞过大闸蟹吗？	12	7.74
您了解大闸蟹的食用方式吗？	129	83.23
您知道上海的崇明清水蟹吗？	88	56.77

（三）上海蟹文化其他认知情况

1. 消费者对大闸蟹功效的认知

通过分析问卷数据可知，在155位被调查者中，有12人不
知道大闸蟹的功效，占比约为7.74%，说明调查样本中92.26%
的消费者至少知道一种大闸蟹的功效。该项总分为5分，平均
得分为1.12分。从整体来看，上海消费者对大闸蟹功效的认知
程度并不高。

2. 消费者对上海蟹文化节的认知

在被调查者中，有 52 位消费者听说过上海蟹文化节，但只有 6 人参加过上海举办的蟹文化节。听说过上海蟹文化节的消费者占总人数的比例为 33.55%，参加过上海蟹文化节的消费者占总人数的比例为 3.87%。鉴于蟹文化节从 2005 年起年年举办迄今已有十几年，说明消费者对上海蟹文化节的认知程度还比较低。嗜食蟹却不知品蟹，这说明上海消费者对河蟹的精神文化消费需求还有提升空间。

3. 消费者对上海蟹文化资源开发应用的认知分析

通过问卷数据统计分析可知，在被调查的 155 位消费者中，有 117 位消费者希望有机会了解上海蟹文化，占总人数的 75.48%，有 130 位消费者认为蟹文化会促进上海河蟹产业的发展，占总人数的 83.87%，有 149 位消费者支持上海蟹文化资源的开发利用，占总人数的 96.13%。这说明上海地区消费者对文化与经济关系的认识水平比较高，对上海蟹文化资源开发利用持积极态度。

三、上海河蟹产业发展情况

（一）空间分布差异化

在中国，河蟹主要分布在长江、瓯江、辽河三大水系。这三个水系的河蟹的生理、生长性状等均存在一定差异，其中以长江水系的河蟹在个体性状方面为最佳。上海位于长江入海口，气候温和，具有独特的地缘优势和水域生态条件。上海的河蟹养殖主要集中在崇明区和松江区，少量分布在青浦、宝山区、金山区和奉贤区，总体分布不均匀，呈现"北多南少，东多西少"的分布状态。

表 6-5　2016 年上海河蟹产业发展基本情况表

养殖总面积（万亩）		分布区域	年产量（吨）	年产值（亿元）
市内	市外	崇明区、松江区、宝山区、青浦区、金山区、奉贤区	9253	7.5
8	15			

数据来源：由上海河蟹行业协会提供

（二）养殖技术模式化

河蟹专业化生产分为 3 个阶段，即蟹苗繁育、蟹种生产、商品蟹养殖。经过多年的研究积累和探索，上海在河蟹的种质研究与生态养殖技术上取得一系列突破性成果。2004 年，上海开始中华绒螯蟹的良种选育工作，上海市农业农村委员会设立中华绒螯蟹产业体系项目，联合高等院校、科研院所、技术推广机构、良种生产单位、公司和养殖专业合作社，建立了"育、繁、推"一体化的选育新格局，保证了河蟹苗种的选育水平和苗种质量。[①] 同时，上海积极推广河蟹生态养殖技术，河蟹的养成规格和品质得到大幅度提升。在崇明区，过去所产河蟹因为体型小而佝偻，被人们称作"崇明老毛蟹"，经过从苗种到养殖技术的改进，逐步转变为如今大而肥美的"崇明清水蟹"。此外，上海松江、奉贤、浦东新区等各区，根据本地水域资源情况，不断探索河蟹养殖新模式，出现了不少河蟹好品牌。目前，上海河蟹养殖主要以池塘养殖为主，还有少量稻田养蟹和鱼蟹混养。其中，崇明和松江根据各自气候、水文和环境等情况，制定了符合各自实际情况的养殖模式，其特点和作用请参见表 6-6。

"崇明模式"是在咸淡水混合的环境下引进各种水草、螺蛳

---

① 刘华楠，张佳新，王成辉，黄赛斌.上海河蟹种源产业育种历程、模式和趋势分析［J］.渔业致富指南，2017（9）：19—24.

表 6-6　两种模式对比分析一览表

养殖模式	特　　　点	作　　　用
崇明模式	咸淡水混合的环境下引进水草、螺蛳等水生生物；蟹塘里投放一定比例的花鲢（鳙）、白鲢（鲢）	种植水草以净化水质且对蟹生长时期蜕壳有一定的保护作用；投放花鲢（鳙）、白鲢（鲢）可净化水质且可提高蟹塘经济效益
松江模式	稀放蟹种 精种水草 立体充氧 优化饵料 不用药物	稀放蟹种以获得大规格高品质成蟹；种植水草以净化水质、提供自然饵料；立体增氧以保持溶氧充足且水质清新；不用药物以保证水质系统的生态平衡

等水生生物，开展河蟹养殖的模式。① 养殖户通过在池塘里种植特定水草以达到净化水质的目的。水草是河蟹的食物来源之一，而且河蟹在蜕壳时身体虚弱，容易遭受天敌或同类伤害，种植水草可以为河蟹蜕壳提供隐蔽场所。养殖户会在特定时节往蟹塘里投放一定比例的鳙（俗称花鲢）和鲢（俗称白鲢）。花鲢主要以浮游动物为食，白鲢主要以浮游植物为食。这两种鱼的食物来源不重叠，而且因为它们滤食浮游生物，可以起到净化水质的效果，被称为蟹塘水质的"清道夫"。另外，这两种鱼主要在上层水域活动，不会在水下与河蟹争食饵料。在育肥时期，养殖户会定时往蟹塘里投放螺蛳等鲜活饵料，促进河蟹长肉育膏，提高河蟹品质。

"松江模式"的关键技术可以概括为"稀放蟹种、精种水草、立体充氧、优化饵料、不用药物"②。"松江模式"的主要技术特色：一是注重稀放蟹种，即根据不同生产周期不同养殖

---

① 上海本地蟹，想要尝鲜不容易［EB/OL］.（2016-10-25）［2019-3-11］http://shipin.people.com.cn/GB/n1/2016/1025/c85914-28804643.html.

② 顾雪明，朱福根，张友良. 河蟹生态养殖"松江模式"的发展与启示［J］. 科学养鱼，2017（9）：1—3.

第六章　蟹文化资源的应用

密度需要采取分塘养殖法，到成蟹养殖阶段每亩放蟹种 500 到 1000 只，既可获得较多大规格精品蟹满足高端消费需求，又可获得更多高品质商品蟹满足广大市民需求。二是精种水草，通过种植水草可以把蟹塘打造成一个"水底森林"，既能帮助净化水质又能为河蟹提供自然饵料（河蟹食水草），还能保护河蟹在蜕壳时免受伤害，水草主要选择轮叶黑藻、苦草和伊乐藻，种植水草的面积占到蟹塘面积的 70% 以上。三是立体充氧，通过在池塘底部安装增氧设备，可以实现从下到上立体增氧，有助于保持池塘的溶解氧充足，也有助于保持水质清新。四是优化饵料，除了在蟹塘中投喂颗粒饲料以外，还在蟹塘培育螺蛳和水草作为河蟹生长的天然饵料，同时合理搭配如玉米、南瓜等植物性饲料，以满足河蟹不同生长时期的营养需求。五是不用药物，主要使用微生态生物制剂，通过生物制剂的相互作用保证水质系统的生态平衡，预防河蟹疾病发生。

（三）河蟹品牌多样化

2010 年，上海市农委联合市财政启动上海市现代农业产业技术体系建设，针对上海河蟹产业现状和关键问题，建立"上海市中华绒螯蟹产业技术体系"。上海市中华绒螯蟹第一轮产业体系选育出的拥有上海完全自主知识产权的河蟹品种"江海 21"被农业农村部公告为国家水产新品种。截至 2018 年底，已在全国 14 个省市区养殖，年养殖面积超 15 万亩，年创产值超 5 亿元。

经过上海市中华绒螯蟹产业技术体系和河蟹养殖户的协同努力，现在上海养殖的大闸蟹从过去的规格小、口感差、品质低发展到如今的规格大、口感好、品质优，知名度水涨船高，河蟹知名品牌也越来越多，产生了"宝岛"牌崇明清水蟹、"三泖"牌黄浦江大闸蟹、"崇螯"牌光明集团清水蟹、"沪宝"牌宝山湖大闸蟹等品牌。

上海河蟹的品牌尽管日益增多，然而上海河蟹的地方品牌知名度在全国还不够高。由图6-1可知，用百度指数对关键词"上海大闸蟹"和"阳澄湖大闸蟹"进行检索，发现2011—2019年全国互联网用户对阳澄湖大闸蟹的关注度呈现波动上升趋势，但对上海大闸蟹的关注度几乎没有变动，而且对上海大闸蟹的关注度要远远低于阳澄湖大闸蟹。

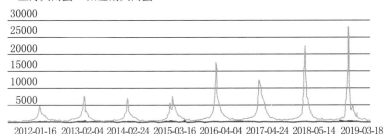

■上海大闸蟹 ■阳澄湖大闸蟹

图6-1　2011—2019年互联网用户对上海大闸蟹与
阳澄湖大闸蟹关注度趋势图

数据来源：百度指数

（四）扣蟹供应市场化

上海市水域面积有限，致使上海本地商品规格大闸蟹养殖面积相对较少。据上海市河蟹行业协会提供的数据分析，上海市内河蟹养殖面积约8万亩，其中蟹种培育约5.5万亩、鱼蟹混养2万亩、成蟹精养0.5万亩，但上海的养殖户在长三角、山东、湖北、青海等外省市的商品蟹养殖规模达15万亩。从表6-7和图6-2可以看出，上海河蟹占全国河蟹产量比例很小，且有逐年下降趋势。从表6-8和图6-2中可见，2011—2016年全国扣蟹和上海扣蟹的产量都在逐年上升，但上海扣蟹占全国扣蟹产量比重在逐年下降。这是由于近年来扣蟹市场产能过剩，出现供过于求的局面，但上海依然是全国河蟹苗种的主产区之一。

表 6-7　2011—2016 年上海河蟹占全国河蟹产量比例一览表

年份	全国河蟹产量（吨）	上海河蟹产量（吨）	占比（%）
2011	649240	15051	2.3
2012	714380	15030	2.1
2013	729862	13330	1.8
2014	796535	14432	1.8
2015	823259	12561	1.5
2016	812103	9253	1.1

数据来源：《中国渔业统计年鉴》2012—2017 年统计数据整理

表 6-8　2011—2016 年上海扣蟹占全国扣蟹产量比例一览表

年份	全国扣蟹产量（公斤）	上海扣蟹产量（公斤）	占比（%）
2011	43705044	6856000	15.7
2012	48631951	6832000	14.0
2013	49943769	7462000	14.9
2014	54656440	7872000	14.4
2015	55433899	7855000	14.2
2016	53510765	6355000	11.9

数据来源：《中国渔业统计年鉴》2012—2017 年统计数据整理

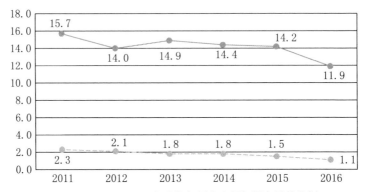

图 6-2　2011—2016 年上海河蟹（扣蟹）占全国河蟹（扣蟹）产量折线图

数据来源：《中国渔业统计年鉴》2012—2017 年统计数据整理

四、上海河蟹"文化＋产业"概况

文化与经济存在密切关联与互动，二者相辅相成。河蟹文化是人们在认识和利用河蟹资源的过程中逐步创造和积累的一种类型文化。这一过程是生产实践与文化实践双重耦合的过程。从经济史学角度分析，可以视作河蟹产业发展史。近年来，随着上海市农委中华绒螯蟹产业技术体系项目的实施，上海河蟹产业步入发展快车道，取得令人瞩目的成绩，同时也为上海河蟹文化与河蟹产业融合发展注入了新动力。然而，美中不足的是目前对上海河蟹文化资源的挖掘与创造性转化应用依然不足，上海市民对蟹文化的总体认知水平与消费能力存在较大落差。蟹文化的社会辨识度与产业赋能功能有待深入挖掘。蟹文化资源作为德鲁克所认为的生产要素功能的发挥还相对有限。由于对蟹文化资源的挖掘，尤其是创造性转化应用是一个需要长期投入的工程，目前河蟹养殖和经营企业对蟹文化所能创造的附加值前瞻性不足，缺乏创造性挖掘和应用蟹文化资源的积极性。

第三节　上海河蟹文化与产业 SWOT 分析

一、优势分析

（一）上海蟹文化底蕴深厚

上海食蟹历史悠久，最早可追溯到 6000 多年前的新石器时代。据考证，在上海青浦的崧泽文化遗址出土有先民食用后废弃的大量蟹壳，用碳 14 化验证实，这些蟹壳存在的年代距今 6000 多年。这说明上海人食蟹历史悠久，是中国蟹文化的发源地之一。上海独特的地理位置造就了独具特色的蟹文化。上海地处长江入海口，也是长江水系中华绒螯蟹生殖洄游的繁育点。它们在上海崇明岛附近长江入海口咸淡水交汇处的弧形水带交配产卵孵化，因此，崇明岛是长江水系河蟹的产卵场和故乡，上海也因此成为江南地区河蟹主要产地。早在明代，江南的能工巧匠即创制出一套精巧的食蟹工具——"蟹八件"（如图6-3和图6-4）。这些食蟹工具一般是用铜、不锈钢等制作而成，讲究一些的是用白银制作，其工艺十分精巧，大大提高了食蟹过程的仪式感、趣味感和体验感。

图6-3 铜制蟹八件　　　　　图6-4 银制蟹八件

上海蟹文化源远流长。上海的简称"沪"就与蟹文化存在密切的历史渊源。"沪"源于一条叫"沪渎"的河流（吴淞江交汇长江注入大海的一段），也源于一种叫"沪"的渔具。萧纲《浮海石像铭》："晋建兴元年癸酉之岁，吴郡娄县界松江之下，号曰沪渎，此处有居人，以渔者为业。"[①]据此可知，西晋建兴元年（313年）已经把这段河流叫做"沪渎"，之后成为历代沿用的名称。生活于"沪渎"一带的渔民，根据涨潮规律，用竹子编成两排竹篱笆，大口向岸、收口朝水插在吴淞江的滩涂上，等到涨潮时鱼蟹等水产品便随着潮水进入竹篱笆，退潮时便被竹篱笆阻挡在里面，方便捕捞，人们把这种工具称作"沪"。民

---

① 郑虎臣.吴都文萃［M］.台北：台湾商务印书馆，1986：783.

国《宝山县续志》中写道："编竹为篱，横置于河中，篱之一端置一方形口器，其名曰簖。簖开方洞，有门上下活动如闸然，置避风之灯火，蟹见灯火则上篱而趋入簖中，渔者即可乘机将门闸上，逐一捕捉，如遇蟹阵，每夜能获数十斤。"① 沪经过改进，演变为如今的"蟹簖"，是渔民捕捞时用的一种工具。上海简称"沪"，不仅反映了它襟江带海的地理位置，而且还能使人追忆起荒远的历史，曾经是一个居人以渔为业的地方，一个以沪捕蟹的地方。

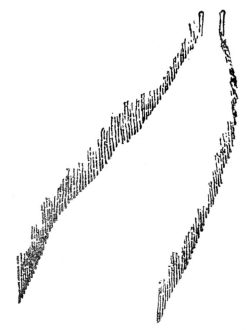

图 6-5　沪，一种捕鱼工具，是簖的前身。上海的简称"沪"由此而来

（二）上海地理气候条件优越

　　王武认为名蟹产地需要具备 3 个条件：一是自然条件优越，要有大片湿地；二是天然蟹苗丰富，近通海大江、大河，有蟹苗上溯；三是经济文化繁荣，有悠久的历史文化积淀以及广阔

　　① 张允高.宝山县续志［M］.民国十年刊本.

的市场消费基础。上海三者具备。上海地处长江三角洲东缘，位于中国南北海岸线中位点，长江由此注入东海，有大片湿地和滩涂，天然蟹苗资源丰富，地理位置优越，腹地广阔、经济文化繁荣。上海拥有中国第三大岛——崇明岛。崇明岛位于长江入海口，港湾河湖纵横交错，适宜螃蟹生长繁殖，故历来盛产螃蟹，有"蟹岛"之称。2007年，崇明老毛蟹获得国家地理标志产品保护。如图6-6所示，随着崇明世界级生态岛的建设，

图6-6　崇明池塘养蟹环境图（崔婉娜　摄）

崇明生态环境越来越好，河网密布、水草丰茂，为河蟹的生长提供了良好生态环境。

从图 6-7 中可以看出近年来上海扣蟹及成蟹产量除 2015 年和 2016 年因天气等原因有所下降外，整体呈波动上升趋势，尤其是扣蟹产量从 2006 年的 3694 吨增至 2016 年的 6355 吨，增长约 1 倍。

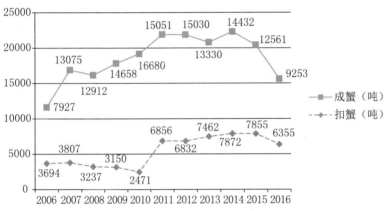

图 6-7　2006—2016 年上海扣蟹及成蟹产量变化折线图

数据来源：《中国渔业统计年鉴》2006—2017 年统计数据整理

二、不足分析

（一）创造性转化自主性不足

历史积淀的蟹文化资源蔚为壮观，但毕竟是一种存量财富，只有根据社会和时代需求，深入挖掘并加以创造性转化，才能转变为有形、有特色和竞争力的蟹文化产品，从而变存量财富为增量财富。然而，目前上海河蟹产业市场仍以鲜活蟹苗、蟹种或成蟹经营为主，对蟹文化资源的开发利用相对不足，大多为人造景观或工艺品生产等比较初步的开发利用，对于可以赋予更多地方文化内涵的河蟹加工产品而言，也多为以冷冻制品为主的初级加工产品，深加工又有文化品质方面的产品比较欠缺。虽然上海崇明已开发研制出蟹粉、醉蟹等产品，在国内率先开展河蟹深加工产品探索，但产品类型仍然较为单一，文化赋能发挥不够，无法满足上海丰富多样、注重品位的饮食需求，河蟹产品的文化附加值没有得到很好开发和提升，河蟹产业链横向拓展不足，制约了上海河蟹产业的升级换代。

（二）地方品牌建设意识不强

据上海崇明地区调研，与当地蟹户访谈情况分析，崇明地区的河蟹养殖尚未形成规模效应，仍以散户养殖为主。一方面受制于有限的池塘养殖面积，另一方面囿于蟹户文化水平有限，崇明蟹户的地方品牌建设意识尚待提高。2010年以来，在崇明区农委大力扶持及上海市河蟹产业技术体系的推动下，崇明涌现出不少河蟹养殖专业合作社（如表6-9所示），但具有行业引领作用的专业合作社数量偏少，河蟹产业发展合力尚待凝聚提升。

表 6-9　上海崇明岛部分河蟹养殖专业合作社一览表

区域	合作社名称	养殖总面积 / 亩
东部	上海耀全粮食专业合作社	800
	上海崇东水产养殖专业合作社	200
	上海渔丰水产养殖专业合作社	200
	上海企平水产养殖专业合作社	300
	上海农园水产养殖专业合作社	100
中部	上海瀛雷水产养殖专业合作社	200
	上海育峰水产养殖专业合作社	300
	上海惠信水产养殖专业合作社	650
	上海福岛水产养殖专业合作社	150
西部	上海伴农果蔬专业合作社	200
	上海立源水产养殖专业合作社	187
	上海宝岛水产养殖专业合作社	300

从表6-10可以看出，中国河蟹十大品牌中有六大品牌来自江苏，上海河蟹品牌无一上榜。这也从一个侧面反映出上海河蟹产业总体地方品牌建设意识不强，"自得其乐"模式仍占有主导地位。

表6-10　中国河蟹十大品牌一览表

品　　牌	产　地
阳澄湖大闸蟹	江苏
水中仙大闸蟹	江苏
泓膏大闸蟹	江苏
宝应湖大闸蟹	江苏
军山湖大闸蟹	江西
固城湖大闸蟹	江苏
阳澄股份大闸蟹	江苏
梁子大闸蟹	湖北
武昌湖大闸蟹	安徽
黄河口大闸蟹	山东

数据来源：十大品牌网

三、机遇分析

（一）政府引导作用突出

上海市农委、崇明区农委及相关政府部门十分重视上海河蟹产业发展。在上海市农委支持下，上海市中华绒螯蟹现代农业产业技术体系第一轮建设工作于2010年启动，2016年进入第二轮建设周期。在产业体系支持下，由于政府部门重视与指导，加上上海海洋大学、中国水产科学研究院东海水产研究所、上海水产研究所等高校院所提供科技支撑，为上海河蟹产业的科学快速发展提供了良好环境。此外，上海市河蟹行业协会自成立以来，发挥行业协会指导、协调、服务、自律等功能，依托上海河蟹苗种资源优势，坚持"市内发展与市外开发并举"，团结上海广大养蟹企业和养蟹户，为上海河蟹产业发展做出积极贡献。

（二）市场发展前景广阔

上海并非中国最大的大闸蟹养殖基地，却是中国最大的大闸蟹消费市场，年消费总量约5万吨，约占中国河蟹消费总量的10%—12%。[①] 这意味着每10只大闸蟹中大约有1只是上海市场消费的。从图6-8中可见上海人均水产品消费量远远高于全国水平。上海人爱吃蟹，不管是从食蟹历史传统还是现实状况而言，上海都是引领全国大闸蟹消费的城市。尽管如此，上海河蟹市场依然充满发展潜力，人们对优质蟹以及蟹糊、蟹酱、蟹粉等深加工产品需求旺盛，对蟹文化资源的消费需求也日益增加。随着人均生活水平的不断提高，人们对食蟹环境提出新期许，在大快朵颐之余越来越追求一种精神上的体验，由此催

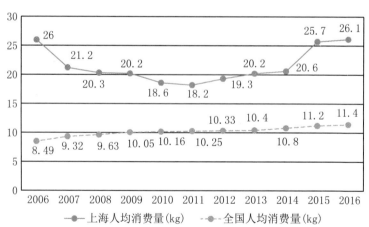

图6-8　2006—2016年上海和全国水产品人均消费量折线图

数据来源：《中国统计年鉴》2007—2017年统计数据整理

---

① 阙有清，杨志刚，陈志刚，成永旭，王春.崇明县大规格河蟹生态养殖技术［J］.中国水产，2012，39（2）：66.

生出一些独具特色的品蟹场所。如上海崇明的宝岛蟹庄，环绕于水质清冽的蟹塘之间，不仅绿树掩映、栈道错落、白鹭欢鸣，庄内还建有民宿、餐厅、小花园、会议室等设施，还建有中国蟹文化博物馆，分设蟹历史文化、蟹科普文化、蟹体验文化和蟹饮食文化4个展区，让人们在品尝河蟹美味之前，对河蟹的生物习性、养殖、捕捞、营养等知识有个快速了解。这对于初次品蟹者来说可谓耳目一新，一下令人心生好奇，对嗜蟹者来说更是津津有味的文化体验。

四、挑战分析

（一）地方品牌竞争激烈

在全国水产品市场上，大闸蟹已形成众多品牌。比如阳澄湖大闸蟹、太湖大闸蟹、红膏大闸蟹、宝应湖大闸蟹、固城湖大闸蟹、军山湖大闸蟹等知名品牌。每年金秋时节，来自全国各地的优质大闸蟹竞相涌入上海市场，河蟹品牌"百家争鸣，百花齐放"，竞争激烈，这对上海河蟹地方品牌的推广造成较大市场压力。在对上海河蟹文化认知情况的问卷调查中也发现，上海本地人对阳澄湖大闸蟹十分偏爱，消费者对阳澄湖大闸蟹这一地方品牌信赖度高，而对上海"崇明清水蟹"的喜爱程度远远不及阳澄湖大闸蟹。其中原因，既有上海河蟹产量有限，无法形成规模效应的因素，也有消费者品牌认知惯性的消费心理因素。无论如何，人们的消费习惯给上海河蟹品牌的推广带来一定阻碍。在拓展市外市场方面，由于各地日益注重结合文化特色打造大闸蟹地方品牌，所以不少大闸蟹品牌的产地影响力日趋显著，使上海河蟹地方品牌面临较高的市场门槛。

（二）创造性转化能力不足

根据对上海蟹文化认知情况的调查结果来看，消费者对上海蟹文化认知还比较欠缺，低水平认知比例占到总样本的

85.81%。由此可见，上海人虽然爱吃蟹，但对蟹文化内涵的了解并不多。就目前来看，上海熟知蟹文化的人才相对缺乏，仅限于一些河蟹养殖人员或专业研究人员，对蟹文化资源进行转化创新的人才比较稀缺，对蟹文化资源的挖掘与转化跟不上日新月异的消费需求，从而导致上海迄今对蟹文化资源的创造性转化与应用不足。如何培养相关人才以开发利用上海蟹文化资源是上海河蟹产业发展面临的时代命题。

五、策略选择

为了直观分析蟹文化资源在上海河蟹产业发展中开发应用的战略选择，制定如下 SWOT 矩阵框架（见表 6-11）。

表 6-11 蟹文化在上海河蟹产业发展中开发应用的
SWOT 矩阵框架分析表

	优势分析（S） 1. 上海食蟹历史悠久，蟹文化底蕴深厚 2. 上海自然条件优越，适宜河蟹苗种培养和成蟹养殖	不足分析（W） 1. 蟹文化创新意识薄弱，缺乏特色河蟹深加工产品 2. 地方品牌意识不强，规模化生产程度低
机会分析（O） 1. 政府的重视与扶持，院所及行业协会的助力 2. 市场发展广阔，食蟹品蟹氛围浓厚	SO 战略（增长型战略） 1. 建立河蟹养殖示范点 2. 延伸河蟹产业链 3. 实现产业新格局	WO 战略（转型升级战略） 1. 提高创新意识和能力 2. 完善知识产权保护体系 3. 打造上海特色地方品牌
挑战分析（T） 1. 河蟹地方品牌众多，市场竞争激烈 2. 人才缺乏，蟹文化资源挖掘不足	ST 战略（多元化战略） 1. 提升河蟹规格和品质 2. 优化产业结构 3. 打造上海特色产品	WT 战略（协同式战略） 1. 发挥合作机制 2. 培养相关人才 3. 促进产业融合发展

（一）增长型战略 SO 战略

以上海市中华绒螯蟹产业技术体系建设为契机，鼓励开发综合性生态休闲观光河蟹养殖示范点，最好能集生产、加工、贸易、服务、教育等功能为一体。转变上海河蟹养殖的传统理念和模式，由粗放型向精细化方向发展，由第一产业向第一、二、三产业融合发展，由产品低附加值向高附加值发展，延伸河蟹产业链，实现种源优质化、蟹种培育标准化、成蟹养成生态化、蟹产品高质化、蟹农增收持续化、蟹文化繁荣的上海河蟹产业新格局。

（二）转型升级战略 WO 战略

政府继续积极制定政策以激励、引导河蟹产业人员提升创新意识和创新能力，同时通过河蟹苗种创新、河蟹养殖技术和方式创新、河蟹产品创新、河蟹品牌创新及河蟹文化创新，进一步加强和完善知识产权保护体系。以上海蟹文化为切入点，深入挖掘并整合蟹文化资源，采取"以点带面、点面结合"的方式构建上海河蟹地方品牌建设平台，打造具有上海特色的河蟹地方品牌，持续提高上海河蟹地方品牌的号召力、吸引力、影响力。

（三）多元化战略 ST 战略

根据河蟹独特的生活特征，有机结合传统选育技术和现代生物技术，建立具有自主知识产权的河蟹良种选育技术和种质创新技术体系。在标准化培育设施的基础上，建立健全标准化蟹种培育技术规范，形成高质量、高产量、高效率的上海蟹种培育模式。在继续提高河蟹种苗优势的基础上，开展上海地区池塘养蟹大规格生态化养成技术研究与示范，建立市外河蟹高效生态养成技术，提升成蟹养殖规格和品质，优化上海河蟹产业结构。从深入挖掘蟹文化资源、合理配置蟹文化资源、开发利用蟹文化资源、及时保护蟹文化资源的角度，有针对性地提取特色蟹文化资源，打造上海地方特色产品融入河蟹市场。

（四）协同式战略 WT 战略

积极发挥公司、基地、高校、科研院所、市场的合作机制，研发多功能、多品种、高附加值的河蟹精加工技术，开发富有文化内涵的河蟹精加工产品，延长河蟹产业链，提升河蟹产品附加值。加强良种"江海 21"在上海和全国的推广应用，发展多品种混养模式与技术。开展商品蟹提前上市和延长上市的探索工作，发展商品蟹囤养技术和深加工技术，促进上海蟹文化与河蟹产业融合发展，提高河蟹产业的综合效益。通过引进专业人才并设立专项资金，重点收集整理并开发利用河蟹历史文化资源；重点攻克河蟹大规格生态养殖关键技术；重点塑造河蟹特色地方品牌建设；重点培养河蟹专业人才，从而推动上海河蟹产业实现弯道超车和升级换代。

综上所述，由 SWOT 分析可见：蟹文化资源在上海河蟹产业发展中的开发应用有着得天独厚的优势和机遇。这为上海蟹文化资源在河蟹产业发展中的成功开发应用奠定基础。同时，机遇与挑战并存。其中，优势：上海食蟹历史悠久，蟹文化底蕴深厚；上海自然条件优越，适宜河蟹养殖。劣势：蟹文化创新意识薄弱，缺乏特色河蟹深加工产品；地方品牌意识不强，规模化养殖程度低。机会：政府的重视与扶持，科研院所及行业协会的助力；市场发展广阔，食蟹品蟹氛围浓厚。威胁：河蟹地方品牌众多，市场竞争激烈；蟹文化转化创新人才缺乏，蟹文化资源挖掘不足。

通过综合分析优势、劣势、机会和挑战等因素，制定了蟹文化资源在上海河蟹产业发展中开发应用的发展战略，分别为：增长型发展战略即建立河蟹产业发展示范点，延伸河蟹产业链，实现产业新格局；转型升级发展战略即提高创新意识和能力，打造上海特色地方品牌；多元化发展战略即利用科学技术提升成蟹规格和品质，优化产业结构，合理挖掘利用蟹文化资源，打造上海地方特色河蟹产品；协同式发展战略即发挥合作机制，培养相关人才，促进产业融合发展。

第四节　上海河蟹产业与蟹文化融合发展建议

经过多年发展，上海河蟹产业已逐步进入与蟹文化资源融合发展的新阶段，在继承传统发展模式的同时，引入创意性、互动性和体验性文化因素，通过扩散渗透效应，使蟹文化资源成为促进河蟹产业发展的一种生产要素，为上海河蟹产业转型升级实践新模式提供了一种发展趋势。

一、提高上海蟹文化资源的挖掘提炼能力

1957 年，上海市文物保管委员会在上海市青浦区赵巷镇崧泽村进行考古调查时发现了崧泽遗址，其历史可上溯至距今6000 年前的马家浜文化，是上海地区最早的人类生活遗迹之一。崧泽遗址文化层由下到上依次为马家浜文化、崧泽文化和青铜时代遗存。崧泽遗址出土有早期先民食用后废弃的大量蟹壳。这说明上海的食蟹历史非常悠久，经过漫长的岁月积淀，积累的蟹文化资源蔚为壮观，只不过大多散见于相关史料、古籍文献、考古遗迹等载体，需要进行系统搜集、整理、分析和研究，进而提炼具有上海地方特色、文化底蕴的蟹文化元素。值得指出的是，除了大量可见遗存，还有许多蟹文化资料罕见于文字记载，而是在民间口头相传，这就需要通过田野调查搜集整理，或者通过节庆活动等形式征集。在收集和整理蟹文化资源的基

础上，需要辨别真伪，保证蟹文化资源的可靠性和可信度。在此基础上分门别类编制上海河蟹史料集，从中挖掘寓教于乐的内容，通过漫画、动漫、影集、音频等形式呈现给广大读者，提高人们对蟹文化的普遍认知水平。

蟹文化资源是存量资源、静态资源，要想发挥其文化价值与功能，变成增量资源、动态资源，就需要进行特色提炼和创意加工，予以创造性转化、开发与应用。对此，可借鉴阳澄湖大闸蟹品牌建设经验，研究分析上海蟹文化资源与河蟹产业发展的融合点，尤其是独具特色的标识性蟹文化，通过蟹文化元素的应用和聚焦提升地方品牌亲和力。在调研苏州阳澄湖河蟹产业时，据阳澄湖大闸蟹行业协会原会长杨维龙介绍，为宣传"阳澄湖大闸蟹"这一品牌，阳澄湖大闸蟹行业协会不惜人力、物力、财力，挖掘和整理阳澄湖大闸蟹相关历史资料和民间传说，倾力打造阳澄湖大闸蟹的品牌独特性。他山之石，可以攻玉。对上海而言，可以凸显上海崇明系长江品系中华绒螯蟹故乡这一独特性，以"蟹乡"为着力点宣传推广上海河蟹地方品牌，围绕"蟹乡"开发富有上海蟹文化特色的河蟹核心及周边产品，用产品说话，用品质立碑，积极塑造上海特色河蟹品牌。

二、提高蟹文化资源与河蟹产业融合发展能力

上海崇明岛外长江入海口咸淡水交汇的弧形带，是长江水系中华绒螯蟹的天然繁殖场，使上海崇明成为中国河蟹最重要的种源基地。据张列士等报道，长江口中华绒螯蟹的主要产卵场位于东经121°50′—122°20′的长江口下端，即崇明岛东旺沙，宝山横沙岛及佘山岛、鸡骨礁一带的广大河口浅海，尤其崇明岛东旺沙浅滩、横沙岛以东的铜沙—九段沙浅滩及南汇边滩3

处，抱卵蟹特别集中。①② 借助这一得天独厚的优势，上海崇明可以国际生态岛建设为契机，围绕如今人们喜欢追求绿色消费和健康生活的趋势，重点开发以"蟹乡"文化资源为主要内涵的文旅融合产业，融"蟹肥、稻香、水美、树绿、天蓝"等为一体，"观景、研学、休闲、美食、民宿"等一应俱全的综合体验，同时结合宝岛蟹庄、惠春蟹庄等文旅资源，使人"畅游蟹乡，共享蟹乐"，实现以蟹促旅、蟹旅互动，既能丰富蟹文化内涵又能提高河蟹产业综合效益。

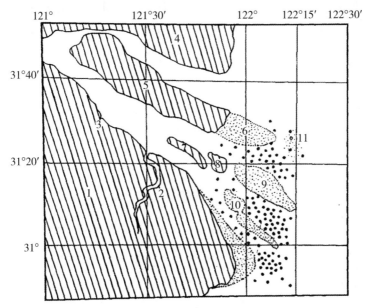

图 6-9 长江口中华绒螯蟹的产卵场（据张列士修改）

1. 上海市；2. 黄浦江；3. 浏河口；4. 江苏省；5. 崇明岛；6. 东旺沙；7. 长兴岛；8. 横沙岛；9. 铜沙；10. 九段沙；11. 佘山岛

图片来源：陈立侨，堵南山.中华绒螯蟹生物学.北京：科学出版社，2017.3：87.

---

① 转引自陈立侨，堵南山.中华绒螯蟹生物学［M］.北京：科学出版社，2017：87.

② 张列士，朱传龙，杨杰等.长江口河蟹繁殖场环境调查［J］.水产科技情报，1988（1）：3—8.

　　蟹文化与河蟹产业的融合，不是浮于表面的结合，而是将蟹文化资源有机注入河蟹产业各个环节的融合，使目前仍主要集中于第一产业的河蟹产业逐步向第二、第三产业延伸，并逐步实现第一、第二、第三产业结构比例的日趋优化。河蟹的营养价值极高，但其作为一种季节性食品，仅在每年10—12月左右食用最佳，而且大规格河蟹比较受欢迎，小规格商品蟹价格偏低。受崇明水体略带盐度的影响，上海崇明所产河蟹虽然近些年总体规格大幅增长，但相比一些成蟹主产区仍旧偏小，再加上崇明极为有限的养殖水面，使得崇明河蟹在全国河蟹市场的激烈竞争中影响力有限。然而正因为崇明的蟹塘水质略有咸度，崇明河蟹的鲜味却有口皆碑，对此可主打"鲜"字，选择其中小个头蟹生产醉蟹、蟹粉、蟹肉罐头、蟹肉松和蟹黄酱等产品，在生产中产生的蟹壳富含虾青素①和甲壳素②，也可以发展精加工变废为宝，实现资源利用的最大化。

三、提高上海河蟹地方品牌建设能力

　　2010年以来，上海河蟹地方品牌建设力度逐年加强，然而距离上海作为"蟹乡"的区位优势与品牌期望依然存在差距。品牌建设非一朝一夕之事，需要在政府指导下循序渐进，持续加大力度。政府有关部门可以加强指导或引导，介绍和推广上海蟹文化，营造上海蟹文化氛围。此外，可以在崇明规划建设蟹文化博物馆、蟹文化主题公园、蟹文化农庄等，集中展示上海河蟹历史与文化，介绍养蟹、捕蟹知识和技术，普及食

---

　　① 虾青素又称虾红素，具有多种生理功效，如在抗氧化性、抗肿瘤、预防癌症、增强免疫力、改善视力等方面都有一定的效果。

　　② 甲壳素又称甲壳质、几丁质，主要是从甲壳动物外壳中提取，在工业、农业、医疗上广泛应用。

蟹方法和工具等，也可以通过举办一年一度的河蟹大赛、河蟹开捕节、河蟹美食节等节庆会展方式宣传蟹文化，提升上海河蟹地方品牌影响力，使上海河蟹品牌在全国更具有号召力和竞争力。

网络时代网络品牌建设成为潮流。除了常规品牌建设，还需要加强上海河蟹地方品牌的网上建设力度。首先，要通过网络媒体普及蟹文化知识，营造"知蟹爱蟹"的氛围，提升上海河蟹文化"软实力"，使人们认同、亲近甚至热爱蟹文化，使其成为河蟹产业发展的催化剂、润滑剂。其次，需要发挥行业协会作用，提高和统一上海河蟹生产与经营主体的品牌意识，在利用网络媒体宣传各自品牌的同时共同为上海河蟹地方品牌建设添砖加瓦。再者，网络品牌建设的优势是个性化宣传与推广。这需要面对不同消费者群体，精心设计蟹文化内容与产品，并以"投其所好"的创意与方式进行推广。比如，面对上海消费者，需要结合上海人喜欢精细、考究的饮食文化特点，在品牌宣传和内容甄选时，需要着眼于讲究情趣、富于内涵、精致考究的元素。社会是多元的，品牌建设路径也是多元的，只有协同运用各种现代营销和品牌建设手段，才能使上海河蟹地方品牌的形象"芝麻开花节节高"。

四、提高上海河蟹产业产品开发能力

产业的根基在产品，产业的生命力在产品开发能力。河蟹产业涉及苗种、养殖、加工、销售、文旅等环节，每个环节的创新与进步都会为产品注入不同内容。比如王锡昌等对不同养殖方式与河蟹呈味特性之间的关系进行了研究，结果证明稻田养殖的河蟹滋味品质优于池塘养殖的河蟹。稻蟹种养作为一种生态养殖方式，能够最大限度地利用资源，减少浪费，同时保证了河蟹和水稻的质量，也不会对环境造成污染，还能提升经

第六章　蟹文化资源的应用

济效益。[①] 由此，可以因地制宜开发"稻蟹种养"规模，为市场提供香糯的"蟹田米"、鲜美的"稻田蟹"的产品需求。辽宁的"盘锦模式"为此提供了丰富经验。这不仅符合绿色发展理念，又能实现"一地两用、稻蟹共赢"，取得"稻香蟹肥"的综合经济效益。

河蟹产品的开发，除了以河蟹为载体的核心产品，还可以创制各种周边衍生产品。比如日本鹿儿岛市的渔港，在尽善尽美开发黑鲷系列产品的同时，还研制出各种围绕真鲷的文化创意产品，为经营者带来额外收入的同时，还传递了经营者的品牌、价值、文化和一份记忆。台湾苏澳渔港对"鬼头刀"的系列产品开发有异曲同工之妙。值得注意的是，开发河蟹衍生产品，忌一味模仿，而要注重文化品位与创意，要体现经营者的价值追求和人文关怀，这样才能画龙点睛，为核心产品烘云托月。比如，对吃剩废弃的蟹壳，可以开发制成"蟹壳画"，由消费者自主完成或者专业画师绘制，在食客品完河蟹之后还可以带走一份独特记忆。

五、提高上海特色文化协同发展能力

"一枝独秀不是春，百花齐放春满园。"为了更好地推广蟹文化，需要与上海特色文化整合，协同宣传与推进。在河蟹产品的包装设计、门店设计等方面，也可以融入上海独特的海派文化，或者与江南文化融合。这样可以取得"花开两朵，各表一枝"的效果，也会在消费者的文化偏好中带动对蟹文化的认识与喜爱。在蟹宴方面（适合于比较有品位的聚餐），可以围绕蟹文化营造立体化的边听（听故事）、边看（看制作过程）、边

---

① 张家奇，张龙，王锡昌.稻田养殖和池塘养殖对中华绒螯蟹滋味品质的影响［J］.食品工业科技，2017，38（13）：229—236.

尝（尝味道）、边思（思意蕴）的用餐环境。此外，还可以蟹说法。比如荀子曾说螃蟹"用心躁也"，人们自古觉得螃蟹心性不定，故可在品尝肥蟹之余给小朋友讲故事，寓教于乐。

六、提高蟹文化圈内圈外互动共鸣能力

调查发现，上海所产河蟹主要供本地消费，形成了一种"朋友圈"式的消费模式，蟹文化也成了河蟹业内及好蟹者圈内流行的文化。虽然上海已连续多年举办全国河蟹大赛，但在155位被调查者当中发现仅有50人听说过，在这50人中仅有6人参加过有关大闸蟹的节庆活动，占比不到4%。尽管这一调查的样本量有些偏少，但在一定程度上也说明了一个问题。对此，需要完善活动设计，面向广大受众，策划有助于圈内圈外更多互动共鸣的活动，从而实现圈内圈外一体化发展。

附录一

蟹语——中国江南蟹文化博物馆序

　　蟹，带甲者也，横行者也。其齿生于胃，其耳长于腿，其双目细小，既可直视亦能横视，复眼也。旁爬横行，是称螃蟹；浑身披甲，双螯高举，有铁甲将军之誉；口吐莲花，郭索有声，水生甲壳动物也。

　　凡江河入海处，均有蟹，而以崇明岛东滩为最，中国第一大河长江入海故也。当沙州未辟，人烟皆无时，芦荡与蟹，实为崇明岛生机之初露。开辟伊始，有渔樵者至，人蟹初遇，人蟹皆骇。人视蟹，坚甲披身，大螯屹立，横行无阻；蟹视人，其头也大，其腿也长，直立而行；各以对方为怪物也。相处日久，由陌生而熟识，先是各行其道，互不相干。然人有好食之天性，试着捕蟹、吃蟹。捕蟹不易，是有捉蟹人，然后煮蟹，天下第一美味也，蟹文化初见端倪。亦可告九泉下之鲁迅先生，崇明人乃吃蟹第一人。

　　然则，蟹之于人仅为可食乎？蟹文化止于美味乎？非也。蟹非精神，蟹有精神，其精神为何？子曰仁、智、勇三达德也。人若三者兼具即为达人，君子人也。三达德何等之难，蟹已达之矣！一曰仁，个体螃蟹一生，不过两三个秋龄，其生命之末以所有精力繁殖后代。事毕，公蟹自沉海沙，母蟹抱卵后亦功成身亡，仁也；二曰智，退者抱团缩骨，断臂自保，避险于洞穴，智也；三曰勇，进则洄游几千公里，脱壳自强，再三再四，勇也。筚路蓝缕之生命历程亦可谓辉煌烂漫。直至二十世纪五十年代，崇明岛上河沟港汊，螃蟹俯首即拾。崇明人食蟹知蟹，有勤劳刻苦之美德，不能说因蟹所教，却也是仰观天象、俯察万物所得精神之一端也。于是有垦拓，于是有家园，蟹之于崇明，其功厥伟焉。及至后来，江河为水坝隔断，从东滩至长江三峡之洄游河道被阻，蟹之生态，丕然大变。人工养殖兴起，东滩蟹苗一时为贵，继之蟹苗培育成功，蟹成为商品，养蟹成为产业，崇明蟹旁道横行，近及上海周边各省，远至青海新疆，其威风凛凛，声名远播，几无可比者矣。而古今文人墨客，皆好食之徒也，写蟹咏蟹，乐此不疲，乃至入红楼之梦，与美人明月相对，蟹文化大备矣。

时至二十一世纪，人类认识到，人若不与万类万物共存，则无法生存，以生态角度视之，人蟹共命运也。洄游之道既阻，又有水体污染，不复东滩而三峡、三峡而东滩的归乡之路。人蟹共憾！自然水环境中的螃蟹已无迹可寻。人有忧矣，蟹有愁矣，江河水不能不敬畏矣。崇明蟹，始称老螯蟹、大闸蟹，学名为中华绒螯蟹，因崇明水清土净，故现称"崇明清水蟹"。蟹有百数十种，独于崇明，中国江南有蟹之始也；不独有蟹之始，崇明清水蟹肉白而嫩，味鲜而美，众蟹汹汹之翘楚也。

余为崇明农人后，负笈远游浪迹他乡，年年岁岁，秋风至，我还乡。从佛家众生说人蟹一也。思及当年海上友人呼我为蟹，崇明蟹，一乐也。人呼我答，人乐我乐，其乐如何！然后呼酒，歌曰：蟹肥菊黄，秋风浩荡，为君煮酒，在水一方。

徐　刚

癸巳重阳过了于崇明

附录二

河蟹记

河蟹者，水中良将也。潜水、陆行、造洞无所不能；潜袭、搏击、游猎无所不通。身披青甲，腿指八方，眼观六路，敏察周塘。上化巨蟹星座，下为横走健将。一身硬骨，魂魄铿锵；举止淡定，气宇轩昂；溯其精神，淋漓酣畅。

曰不畏艰险，自强不息。短暂一生，却经历廿余蜕壳，次次耗损极大能量，回回遭遇生死考验，虽不下半百命殒沙场，却依然百折不挠，视死如归，迎风破浪，自强不息！

曰不忘初心，矢志不移。河蟹自幼别离故土，行游四方，但不管都港佳汇、大江名川，都始终铭记根系宝岛、不忘瀛洲，任凭路途遥远、万水千山，依然而立归乡、繁育子嗣。拳拳家国情怀，始终矢志不渝！

曰淡泊平生，为人低调。外形横行霸道、飞扬跋扈，实则为人低调、朴实无华。白天避张扬，水草、洞穴养精蓄锐；晚上讨生活，捕食、采集不懈繁忙。诚如王武言："养蟹不见蟹，种草不见草。"是为隐而不露，独善其身也。

曰性喜清洁，友善生境。河蟹诞生于瀛岛佳境，性喜青山绿水；成长于江河湖海，恣意绿草清泥。居则绿意盎然，不辞辛劳洁净周边；游则碧水清波，不懈呵护水域环境。诚为洁身自好者也。

曰美味万民，义无反顾。河蟹九死一生，历经千难万险，待黄盈膏肥之时，却不舍性命，争先恐后移步长箪，自告奋勇列队蒸笼，身袭大红袍，俯为美味馈，为香惠万民而义无反顾。

为人有如上之一二者，是为良民；有如上之三四者，可谓贤士；赖有全部者，堪为俊杰。河蟹以尺寸之躯，巍巍然志行其道，实难能可贵也，可歌可泣也。首位食蟹者，自古被奉为伟人，河蟹何居其下者乎？实不亚于巴解（传说第一个吃螃蟹的人）也！是为之记，一为河蟹正名以彰其英明，二为提炼"河蟹精神"以为共勉。

张宗恩　宁　波
2017 年 8 月

附录三

河蟹赋

浩浩长江之东流兮，育崇明于东方；瀚瀚东海之涌波兮，吐明珠于海疆。江海汇流，涵养琼浆。念崇明之钟灵毓秀，成万物之奇珍；看东门之浊浪滔天，造水族之勇将。

河蟹者，瀛岛之珍也。生于崇明，长于湖江；背覆青甲，腹披白盔；大螯当关，八足似钩；双眼柄立，敏察周际；鄂齿如钳，断铁碎石；身长数寸，威震四方。曾勇斗孙行者兮，护龙王于水晶宫；曾吞法海于胃腔兮，救白娘子于危急。仰关公之忠骨兮，摹其相于背甲；奉圣贤之训育兮，励其志于八方。

河蟹者，忠骨之士也。少小离家而立归，丹心不改赤子情。虽遍历江海名都，却依然赤胆忠心。九死一生于江湖，千难万险于隙微。一任万千诱惑，痴心故土崇明。经溲状幼体、大眼幼体、仔蟹、幼蟹、成蟹之变化，浴半咸水、淡水、复半咸水之烟波，历廿余蜕壳之生死考验，迎千百公里之风雨激浪，尝浮游、水生、陆行、穴居之生际百态，终成坚定不移之信念，自强不息之风骨，由粟粒微卵一变为铁甲悍将。八足鼎立，两螯当关，谁与争锋；不畏豪强，进取自如，忠心烈骨。

河蟹者，美味之冠也。传上古之时，河蟹披甲挥螯，勇冠水族，人莫敢近之也。大禹治水时，股肱干将巴解，智勇卓立华夏，不畏其貌，捕而食之，大快口腹也！人因之为枭雄，以解添虫作"蟹"，享食蟹首勇之名称颂迄今。后民亦以河蟹为佳肴，成金秋之盛宴也。拨芦苇之沙沙兮，献红黄于镕金；期冬风之冽冽兮，奉凝膏如香脂。丹桂菊花姜末，玉盘黄酒香醋；

红甲黄膏白肉，鲜美甘甜醇厚。故古人爱蟹，谓传芦（蟹之雅称）为传胪（科举登科或指二甲头名）也，或荷蟹共笔，谓和谐幸福也。《红楼梦》里何曾少，名酒佳宴赖其多；口舌馥郁味绵长，千肴百馔惜如托。

上海之海上名都兮，育河蟹文化之滥觞；崇明之宝岛仙境兮，造传芦奇珍之故乡。河蟹美名，千古流芳。

宁 波

2017 年 9 月

后　记

　　本书得以出版，需要感谢上海市农委中华绒螯蟹产业体系的资助，以及产业体系同仁的帮助和指导，尤其是产业体系刘华楠、何清、张振宇、陈晔等同仁的鼎力支持。在此，要格外感谢钱仓水先生数十年如一日，广泛网罗蟹文化资料，为本书提供了详尽而权威的参考，给予了众多借鉴和启发。本书第一、五章主要由宁波完成，第二章由张帅执笔，第三、四章由陈晔、宁波根据钱仓水先生的著作选编完成，第六章由崔婉娜完成，在此谨致谢忱。

　　蟹文化蔚为壮观，本书难免挂一漏万，不足之处在所难免，恳请读者批评指正。

编　者

2021 年 11 月 5 日

图书在版编目(CIP)数据

蟹文化/宁波,陈晔编著. —上海:学林出版社,
2022
ISBN 978 - 7 - 5486 - 1879 - 9

Ⅰ.①蟹… Ⅱ.①宁… ②陈… Ⅲ.①蟹类-饮食-
文化-中国 Ⅳ.①TS971.292

中国版本图书馆 CIP 数据核字(2022)第 207588 号

责任编辑 许苏宜
封面设计 张志凯

蟹文化
宁 波 陈 晔 编著

出 版	学林出版社	
	(201101 上海市闵行区号景路 159 弄 C 座)	
发 行	上海人民出版社发行中心	
	(201101 上海市闵行区号景路 159 弄 C 座)	
印 刷	上海盛通时代印刷有限公司	
开 本	720×1000 1/16	
印 张	11	
字 数	14 万	
版 次	2023 年 1 月第 1 版	
印 次	2023 年 1 月第 1 次印刷	

ISBN 978 - 7 - 5486 - 1879 - 9/G • 707
定 价 58.00 元

(如发生印刷、装订质量问题,读者可向工厂调换)